HOLOMÚSICA

Um Caminho de Evolução Transpessoal

CARLOS D. FREGTMAN

HOLOMÚSICA
Um Caminho de Evolução Transpessoal

Tradução
ROLANDO ROQUE DA SILVA

EDITORA CULTRIX
São Paulo

Título do original:
Holomúsica
Un Camino de Evolución Transpersonal

Edição	Ano
-2-3-4-5-6-7-8-9	-95

Direitos de tradução para a língua portuguesa
adquiridos com exclusividade pela
EDITORA CULTRIX LTDA.
Rua Dr. Mário Vicente, 374 – 04270 – São Paulo, SP – Fone: 272-1399
que se reserva a propriedade literária desta tradução.

Sumário

Ao silêncio,
à Consciência do momento presente.
Ao som da chuva sobre a relva.
Aos seres humanos inocentes,
aos que amam a música e o humor,
à montanha e à pedra,
aos olhos de Deus no olhar de um menino.
Aos que ainda conservam a fé
e a magia.
Aos marginais, aos loucos, aos sábios e aos iluminados.
Aos meus amigos desconhecidos.
Aos meus mestres.
Aos meus pacientes. . .

Agradecimentos

Durante a gestação e a elaboração de HOLOMÚSICA, tive a oportunidade de coordenar diferentes grupos de trabalho, e assim explorar várias das hipóteses que aqui coloco. Eles são – sem o saberem – co-autores desta comunicação, e lhes devo o meu reconhecimento: os musicoterapeutas do Serviço de Psicopatologia Infanto-Juvenil do Hospital Penna e os alunos dos Seminários de Formação, em Buenos Aires; os grupos de Formação da Escola de Musicoterapia de Vitoria, Espanha; o grupo de Dançaterapia Anna Catalano, Roma, Itália; os alunos do IV Simpósio Brasileiro de Musicoterapia do Rio de Janeiro; todos os músicos que me acompanharam na gravação das minhas composições e as meditações compartilhadas com Reb Zalman Schacter-Shalomi, de Filadélfia.

A redação deste livro foi feita no Brasil, nas montanhas de Nova Friburgo. Agradeço à natureza toda a força que me deu; às estrelas que me acompanharam pelas noites; ao meu sábio vizinho Michael Stahl, da família de Herman Hesse – "Nachts kann ich oft nicht schlafen, das Leben tut weh"[1] – que, juntamente com sua esposa Rosa, sempre me proporcionou uma palavra gratificante e um gesto caloroso; à minha esposa Gabriela e a meu filho Alan, que me iluminaram dia a dia com o seu imenso amor; a Egberto Gismonti, um verdadeiro "homem de conhecimento", que transforma cada encontro que temos numa experiência transcendente; a Enrique e Claudia Banfi, por sua amizade e paciência; ao sensei Katsutoshi Kurata, meu mestre de Aikido; a Diaulas Riedel, que empatiza e ressoa com os meus projetos.

1. "À noite, às vezes, não posso dormir / Dói a vida / então, jogo poetizando com as palavras." (Herman Hesse.)

Prólogo

> "O espírito da Música é a salvaguarda do Amor. A Música é um compasso para construir o edifício deste mundo, uma constituição natural que demonstra a razão dos fenômenos da matéria e do espírito. A Música é o Universo. É uma questão de coração. O Caminho da Música é fazer do coração do Universo o próprio coração."
>
> *Carlos D. Fregtman*,
> dedicado a Morihei Ueshiba

A Musicoterapia é uma prática recente no Brasil. As experiências pioneiras entre nós datam de pouco mais de vinte anos, e ainda é escassa a bibliografia especializada em língua portuguesa.

Os caminhos de uma terapia nem sempre são claros e transparentes. Percorrê-los exige do terapeuta um enorme esforço de reflexão pelo que está implicado nesta tarefa de esperanças, angústias, fracassos e conquistas de pessoas que nele depositam grandes expectativas.

Revelando seu trabalho, as questões que se coloca, as atitudes assumidas na sua relação com seus pacientes, o terapeuta se mostra por inteiro. Escrever sobre terapia, sobre arte e música, exige coragem para se expor, assim como acompanhar o paciente nas suas buscas significa aceitar enfrentar situações sempre novas, com seus riscos e possibilidades de crescimento para o paciente e para o próprio terapeuta.

A publicação deste livro – o terceiro de Fregtman que nos chega em língua portuguesa – desenvolve a experiência e as reflexões resultantes de quinze anos de trabalho na musicoterapia transpessoal, e representa uma importante contribuição para a psicoterapia no Brasil. No primeiro livro – *Corpo, Música e Terapia* –, ele abordava basicamente as questões do funcionamento de grupos (de pacientes psicóticos e de laboratórios de formação de terapeutas), explorando e analisando os movimentos de integração, expressão e comunicação possibilitados pelo emprego de diversas técnicas de abordagem terapêutica; *O Tao da Música* já nos apresentava a um profissional que integra numa concepção holística várias influências ocidentais e orientais, buscando os caminhos do que chama o *terapeuta flexível.*

"A partir de uma concepção holística da realidade, todas as coisas devem ser definidas em constelação e em relação com outras, e não pelo que são – ou acreditamos que sejam – em si mesmas." Fregtman concebe o homem como um organismo, uma unidade em desenvolvimento, algo diferente e muito maior que a soma de suas partes, propondo uma visão ecológica da psicoterapia, que implica uma transformação da nossa visão do mundo, uma mudança em nossos pensamentos, percepções e valores, que constitui uma verdadeira substituição ou mudança de paradigmas. Todo ser humano que trabalhe no campo da psicoterapia – escreve o autor –, e mais ainda o musicoterapeuta, cuja formação e preparo na área da inter-relação som-saúde dota-o de um alto grau de assimilação para outras séries de mensagens que transcendem o meramente mecânico e racional, deve compreender que não pode continuar tentando explicar, através de conceitos de uma visão do mundo obsoleta, uma nova realidade que não pode deixar de observar. Hoje já sabemos cientificamente – sublinha Fregtman –, e não só intuímos, que o mundo que habitamos está globalmente interligado, e que os fenômenos psicológicos, biológicos, sociais ou ambientais estão todos interconectados num estado de interdependência mútua.

Holomúsica é um convite fascinante para ampliar nossas séries de paradigmas em ciência, música e psicoterapia; um verdadeiro caminho de evolução transpessoal aberto para ser compartilhado.

Marco Antônio C. Santos
Presidente da Associação de Musicoterapia
do Estado do Rio de Janeiro
Rio de Janeiro, 25 de dezembro de 1988

Prelúdio
(À guisa de introdução)

Este prelúdio deveria começar pelos sons que se escutam antes dos concertos, quando os músicos da orquestra afinam e ensaiam. Cuide de imaginar o som de todos esses instrumentos. . .

Bam Dum dumdumn. . . Ta ta bapadá hum fih fih fihhh fa GONG GONGG ton. . .

Uma música muito parecida estava em mim antes de eu começar a escrever este livro, e à medida que fui vertendo no papel as idéias, tornou-se cada vez mais clara a presença de um certo tipo de "clima" sonoro no meu interior, que acompanhava a espiral do meu pensamento. Decidi chamá-lo *Holomúsica*, a música da totalidade, o som que envolve todos os sons.

Ao longo destes oito capítulos, ordenados segundo os seus conteúdos e que formam unidades completas por si mesmos, tentarei esboçar uma visão da música do homem a partir de um ponto de vista holonômico, assim como a sua relação com os caminhos de evolução transpessoal e o seu espaço nas psicoterapias desta nova era.

Propor uma visão holista na relação som-ser humano implica uma transformação da nossa visão do mundo, uma mudança em nossos sistemas de percepção, valorização e pensamento que forçosamente desembocará numa transmutação de velhos paradigmas.

Vamos dar juntos uma "olhadela" gestáltica nos conteúdos essenciais deste livro.

O primeiro capítulo, *Jograis de paz*, refere-se ao sentido primeiro do ser músico, ao revelar através de uma sutil e diferenciada percepção consciente, as harmonias e as ressonâncias das partes do Cosmo. Convertermo-nos em jograis de paz é começar a compreender que a vida é uma seqüência rítmica de circuitos em íntima conexão, e que todo ato de criação – seja nas artes reconhecidas como tais, seja na maravilhosa arte cotidiana da vida – implica um exílio da concepção utilitária atomista, um orientar de nossos sons ao coração.

Holomúsica baseia-se em sistemas arquetípicos harmônicos que nos transcendem e nos aproximam do recém-aberto mundo da holografia. Exponho uma noção dos campos morfogenéticos humanos e a sua interligação através de distantes nexos no tempo e no espaço. Hoje, a partir do acompanhamento dos estudos da nova física quântica, podemos determinar cientificamente a existência de uma matriz musical em constante mutação que subjaz – onto e filogeneticamente – a todo ser humano.

Em "Viagem interior" de *Música transpessoal* narro uma experiência grupal em musicoterapia e analiso os aspectos teóricos ligados à mesma: os diferentes níveis de experiências estéticas, psicodinâmicas, perinatais e transpessoais "engatilhadas" pelo estímulo sonoro; o conceito de arquétipo universal junguiano; os tipos de processos inconscientes, a partir de uma perspectiva dinâmica-evolutiva, e os "estados diferenciados de Consciência" desenvolvidos.

"No princípio era o som" começa por propor *O mantra quântico*, considerando a sílaba sagrada OM como a essência de todas as manifestações do Universo. Não pretende ser um tratado orientalista hindu, não obstante eu ter sempre sustentado a integração do pensamento do leste e do oeste (meu segundo livro, *O tao da música*, tem muito a ver com esta proposta). O aproximar-se de outras culturas nos propicia parâmetros enriquecedores para a transcendência de nosso estreito marco de pensamento. Jung, todavia, sustentava que "a imitação ocidental costuma ser trágica", e eu concordo com ele plenamente, pois não se trata de imitar, mas de reconstruir uma forma de conhecimento com um grau maior de amplitude para certos tipos de fenômenos. A consciência ocidental sempre reclamou liberdade – diz Norman Brown – mas em toda parte se acha acorrentada. É hora de arrojarmos as nossas muletas e de descobrirmos a capacidade sobrenatural de caminhar. Os mantras orientais demonstram realmente a existência de poderes "sobrenaturais", mas não contêm os poderes específicos requeridos por nossa sociedade. Cada sociedade só tem acesso ao seu próprio conhecimento, e só obtém o conhecimento que sabe medir e avaliar. Neste capítulo "mântrico" e, apesar de os autores dos *Upanishad* e de os físicos do século XX trabalharem dentro de sistemas de terminologias diferentes, pretendo criar pontes entre os mesmos, sugerindo que a partícula subatômica possa ser considerada como uma minúscula nota musical, pois a natureza básica do átomo, até do *quark*, é harmônica.

"Paradigmas da nova era" é um verdadeiro desafio. Escuro e luminoso, é, em certo sentido, desconcertante, de vez que propõe uma clara transformação de nossa visão do mundo e a criação de novas espécies de informação. O conceito de paradigma, e a sua relação essencial com o pensamento científico, foi introduzido por Thomas Kuhn, e constitui um dos pilares da ciência sistêmica. A partir de diferentes perspectivas (abordagem *bootstrap*), procuraremos mostrar que a realidade nunca é necessariamente como acreditamos, e que não existe a experiência objetiva, propondo um novo enfoque na psicologia contemporânea: a "quarta força", ou seja, a *posição transpessoal* (a "primeira força" foi a teoria positivista e conductista, a "segunda força" foi a psicanálise, a "terceira força" foi a psicologia humanista).

Música, a cura interior revisa alguns novos caminhos no trabalho com música como agente facilitador da saúde.

As percepções e o assombro da infância são os eixos fundamentais de *Prelúdio à inocência*, uma breve meditação acerca do território a ser recuperado dia a dia pelo adulto.

O ecossistema humano foi escrito em colaboração com minha esposa e companheira de trabalho Gabriela, e guarda estreita relação com a tarefa que desenvolvemos juntos, um processo de mudança que implica um compromisso mais além do âmbito pessoal, um despertar ao nível da Consciência. Podemos entender a manifestação do ecossistema humano como uma estrutura sistêmica configurada por três níveis que possuem uma certa hierarquia e se comportam em conformidade com uma lei biológica de subordinação de funções.

Este livro foi composto sob um critério musical (tema com variações), de maneira a criar uma forma de comunicação sob a observação de redundâncias, predizibilidade, originalidade, reiterações e padrões. Só se completará com teus próprios pensamentos, pois além de comunicar conceitos, a proposta implícita é motivar e gerar idéias, associações, afetos. Proponho-me tão-somente estender-te uma mão, mostrar alguns caminhos. O trânsito, deve ser feito cada qual por sua própria conta.

Cada capítulo é como um holograma. Tu projetas a luz, e a imagem que obtiveres conterá sempre a imagem total, pois cada parte está contida no todo.

Parece que os instrumentos da orquestra deixaram de ser afinados. O concerto já está por começar. . .

Bam dum gong goong. . . Taka taka dum dum . . . .
. . . .
. . . .

Carlos D. Fregtman
Rio de Janeiro, abril de 1988

JOGRAIS DE PAZ

A música pode transmudar nossa vida modelando-a com as suas pulsações. Convertermo-nos em "músicos pela paz" é compreender que estamos imersos numa seqüência rítmica de circuitos interconectados, e que a perda dos inocentes jogos com os sons é a renúncia à espontaneidade e a queda na rigidez.

Imagina

Estão os homens e também está a música. O ser humano é um cantor nato. Fazemos música porque somos humanos. É inconcebível uma humanidade sem música, pois esta é a representação energética da Consciência do homem. O Universo é um incrível *oceano de matéria consciente*, evolutivamente intencionado e em constante movimento, que gera padrões pulsáteis de equilíbrio rítmico.

O sentido do homem-músico é revelar, através da sua diferenciada percepção, as harmonias e ressonâncias das partes do Cosmo, numa linguagem exeqüível aos nossos órgãos sensoriais. Uma profunda *alquimia* energética vibracional transporta o receptor destes sons a um nível superior de humanidade, de emoção ou consciência, por meio de um processo de ressonância e empatia. As expressões do ser humano atravessam fases de integração orgânica estrutural, de equilíbrio harmônico, de sincronia rítmica e de uma eterna busca de simplicidade essencial. A música maior é sempre simples.

Toda cultura coadjuva uma forma determinada de música. Uma paisagem, uma cena, uma lembrança, uma mão amiga, um encontro, *tudo tem música*. Os sons que acompanham e envolvem uma cena, uma ação ou um evento parecem revelar-nos o seu sentido mais secreto. Assim como um acontecimento gera a sua "música de fundo" apropriada, ao inverso, *uma música pode estabelecer o clima propício para a irrupção de certos fenômenos*.

Lembrem-se de algum filme em que a música tenha desempenhado um papel decisivo na construção de uma cena e procurem imaginá-la com outra música diametralmente oposta. Parecerá muito difícil: essa música diferente modifica de forma substancial o sentido do restante da mensagem.

Evoco a última cena de *The Killing Fields*, na qual dois amigos se abraçam depois de um longo tempo de dolorosa separação e em que, como pano de fundo, se escuta a canção *Imagine*, de John Lennon:

Imagine todo o mundo
vivendo a vida em paz.

(Talvez *Imagine* seja a música que melhor acompanhe esta meditação sobre o nosso possível destino como jograis de paz.)

Harmonia perene

Sem sequer o percebermos, costumamos viver num "sonho" permanente, compartilhado com a maioria das pessoas no mundo que nos rodeia. Reconhecer as enormes limitações do nosso habitual estado de Consciência é uma tarefa árdua, pois é o único estado que temos conhecido. Não obstante, em circunstâncias especiais, muitos de nós atravessamos momentos de despertar e ampliação desta consciência subótima; só que a verdadeira natureza desse estado nos escapa. A "realidade" é uma convenção validada por um consenso arbitrário, e qualquer estado de percepção diferente gera desconfiança e alarme em nossos marcos de admissão e crenças.

A nossa audição do mundo é reducionista e atomista. Decompomos uma totalidade em equilíbrio dinâmico, supondo que as suas partes podem existir separadas. Cada som do Universo está inter-relacionado com os demais, e inclusive a totalidade do Universo acha-se contida em cada uma de suas partes. Assim sendo, *uma nota pode revelar os mistérios profundos desse todo vibratório universal* e *conduzir-nos a territórios de consciência insuspeitados*.

O som musical é uma senda fecunda para o conhecimento – fonte de paz – que nos descobre como verdadeiros instrumentos de uma *ressonância transpessoal* que supera os objetivos e as limitações do ego. O músico Keith Jarret nos diz que pouca gente toca Mozart; a *maioria toca a si mesma* ao tocar Mozart. "Se a tua música não se relaciona com um poder maior, se não te relacionas com esse êxtase que habitou o compositor e que gerou uma frase musical, se não te rendes a esse poder espiritual não acontece absolutamente nada." Só transcendendo a novela pessoal é possível o encontro com a Consciência primordial, matéria-prima do mundo da criação e da pacificação.

A essência do Universo e a natureza do homem são musicais.

Tudo no mundo é vibração, uma gigantesca sinfonia em harmonia perene. Vivemos submersos num tempo de genocídio e de miséria. A restauração de um vínculo adequado entre nós e o meio pode dar início ao caminho para a mutação verdadeira, fruto do despertar da nossa semi-adormecida sensibilidade criadora.

Sons pacificadores

Temos o hábito de mudar o ambiente que nos rodeia em vez de nos modificar-nos a nós mesmos. Este é, talvez, um dos traços salientes da raça humana: salvo casos isolados de alguns animais ou de algumas plantas, os outros organismos "não desenvolvidos" optam por evoluir adaptando-se ao ambiente. Em certo sentido, são mais taoístas do que nós, não opõem resistência e se deixam levar pelo curso da corrente, num derivar natural. O ser humano é o primeiro a possuir a total capacidade de autodestruição e de aniquilação das demais formas de vida.

Este é o momento do mundo que nos cabe compartilhar. Um tempo em que o planeta Terra canta com voz de pássaros, estrondos de bombas, arrulhos de cascatas, ultra-sônicos sons tecnológicos, ventos rugidores, crianças agonizando, guitarras e até computadores dando os seus primeiros balbucios robóticos. Destes sons nutre-se o homem para se expressar e criar esse algo *transtemporal, transespacial* e *transpessoal* a que chamamos música. Dessas vibrações se amamentam as crianças que, talvez, amanhã, entoem os seus salmos de esperança.

A verdadeira música, aquela que não se acha condicionada por apriorismos culturais nem por fatores comerciais, aquela que expressa a totalidade do ser e o transcende, mais além das suas qualidades "artísticas", implica um *reencontro com a nossa emotividade perdida*.

Na emoção, e com a emoção, recuperamos o autêntico movimento expressivo. O canto da vida traduz as emoções primárias da matéria viva. Às vezes a ira, a nostalgia, outras a tristeza ou a angústia. Outro tipo de música, superficial e estereotipada, reflete as tendências destrutivas – ódio, inveja, ressentimento, ciúmes, rigidez – e atenta contra os ingredientes da paz: *flexibilidade, amor e conhecimento*.

Duvido muito de que um homem que esteja entoando uma melodia possa apertar o botão. Isto, porém, não implica adotar uma atitude frívola e vã, e acreditar que uma postura idealista, à maneira dos anos 60, poderá ser uma saída compatível com as nossas necessidades.

Ser um "músico pela paz" implica fundar em nós uma instância de sabedoria, de abertura criadora, de credibilidade perante as nossas forças de consciência transformadoras. Um mundo em paz constrói-se com canções de ninar e não com pílulas tranqüilizantes, com harmonias e contrapontos e não com mandíbulas apertadas pelo orgulho e pelo rancor.

Semeando trovadores

Nossas palavras já nos traem. Nossos pensamentos se acham esmagados por finalidades, deveres e exigências. A magia não mora mais em nossa existência e alguns optam pela alternativa da loucura. A música parece uma montanha de cassetes numa loja de discos.

Os gregos tinham canções para moer o grão na colheita; os romanos, para fazer o vinho e tirar a água; os árabes, para tosquiar as ovelhas e tratar dos camelos; os índios americanos, para caçar, amar e morrer. E nós? Quando cantamos? Quando marcamos o ritmo com os pés e as mãos? Onde se acham o êxtase, o transe, o gozoso abandono no *swing* de uma melodia?

A música pode transmudar diariamente a nossa vida, modelando-a com as suas pulsações. Mesmo não sendo músicos profissionais, converter-nos em músicos pela paz é compreender que a vida é uma *seqüência rítmica de circuitos interconectados* e que a perda do inocente jogo com os sons é a perda da espontaneidade e o caminho seguro para a rigidez (sinônimo de morte). A guerra é uma projeção ampliada da nossa diária vida cotidiana, uma expressão exterior do nosso estado interior e o resultado coletivo de atitudes individuais. Transformarmos a nós mesmos é transformar também a causa das guerras. Viver em paz é não criar antagonismos. O canto pacificador surgirá tão-somente quando estivermos intimamente em paz.

Todo ato criador implica um desterro da estreita concepção atomista e utilitária imperante, que avalia os atos por sua finalidade.

Muitas vezes tenho tido fantasias nas quais, no ano 2000, não apenas se plantavam árvores aqui e ali, a fim de restaurar o equilíbrio ecológico perdido, como também se "semeavam" trovadores que devolviam a música esquecida aos seres humanos, os quais, junto com a música, haviam perdido a cor de seus olhos e o harmonioso ritmo de seus movimentos.

Compreendermo-nos

Em nosso tempo, existe uma grande e variada produção musical. Mas cada vez aumenta mais a distância entre o "artista" e o homem comum, bloqueado, que mal se atreve a assobiar na rua por pudor ou por vergonha. Sim, vocês me dirão que assistiram a um recital e ouviram mil pessoas "cantando" em coro. Entretanto, os jograis pela paz serão aqueles que orientam os seus *sons para o coração*, e não os que repetem mecanicamente um estribilho que lhes foi imposto pela difusão publicitária para cobrir a cota permitida de catarse.

Conhecer-nos a nós mesmos é conhecer também o transfundo dos nossos condicionamentos e das nossas crenças musicais, dos nossos gostos e juízos com relação ao valor de uma expressão humana, através de uma experiência de contato com o som. "Se uma pessoa consegue compreender-se a si mesma, e com isto produzir essa felicidade criativa, essa vivência de algo que não é a mente, talvez então possa haver uma transformação imediata da convivência em nosso derredor e, por conseguinte, no mundo em que vivemos" (Krishnamurti).

O artista – assim como o cientista ou o bom terapeuta – não é um excêntrico indefeso, mas um ser que, sob uma aura de trivialidade, cria e revela uma nova realidade. Não é um pregador nem um político. Suas mensagens vão dirigidas ao "mais além" dos homens e das mulheres, ao lugar em que a razão se reconcilia com o coração, ao terreno da consciência unificadora que se ergue acima de toda voz altissonante.

Imagina todo o mundo
vivendo a vida em paz.
Podem dizer que sou um sonhador,
mas não sou o único.

Espero que te unas a nós
e o mundo viverá como um só.

HOLOMÚSICA
O Som da Totalidade[1]

Harmonia holonômica

Em nossos padrões físicos e psicológicos encontram-se presentes os intervalos harmônicos da música. Existe um fenômeno conhecido como "Canção de Ur", que *confirma a pauta holonômica universal de certo tipo de cadências melódicas*. As crianças de todo o nosso planeta, ao que parece, quando cantam espontaneamente fragmentos melódicos, utilizam sempre os intervalos de segunda, de terceira menor e de terceira maior. Tenho corroborado isso também em sessões de musicoterapia com pacientes de características bastante "regressivas", cujo nível de evolução se encontra nos primeiros estágios de desenvolvimento. À medida que o paciente evolui, assim como a criança vai crescendo, começa a incluir intervalos de quartas e quintas. Esta "Canção de Ur" (que significa canção primigênia, original) acha-se inscrita em nosso inconsciente grupal, em nossas pautas genéticas, ou talvez em nosso espírito ou Consciência primordial. Até o regente Leonard Bersntein referiu-se a este fenômeno de *Ur*, como um *sistema arquetípico harmônico que nos transcende*.

Creio que mais além de concepções genético-materialistas, este fato torna claro que a nossa estrutura se acha em sincrônica relação com estruturas maiores, cujos princípios harmônicos plasmam combinações infinitas.

Todo o Universo mantém padrões constantes de movimento e relação, desde as mínimas expressões microcósmicas moleculares às dimensões macrocósmicas. Da base do *quark* aos sistemas planetários, na gênese da totalidade dos fenômenos naturais, a unidade de todas as coisas se manifesta numa visão harmônica.

1. *Holos* = Totalidade; *Holista* = Que pertence ao todo; *Holonomia* = Qualidade de conhecimento do todo a partir de qualquer partícula do Universo.

Assim como o testemunha a "Canção de Ur" ou os conceitos holonômicos de George Leonard ou de Erwin Schroedinger, a estrutura do nosso organismo reflete pautas universais, que contêm de um modo ou de outro informações essenciais e completas acerca de todo o Cosmo.

Toda grande religião — islâmica, budista, judaica, cristã ou hindu — apresenta uma história mística em que *todas e cada uma das partes que compõem o Universo contêm a totalidade deste*. O físico J. S. Bell formula, em 1964, concomitantemente com estas antigas culturas, um teorema através do qual demonstra que nenhuma teoria da realidade compatível com a física quântica pode exigir que acontecimentos espacialmente separados sejam independentes entre si. *Em cada elétron existe um movimento que determina um engrama de conhecimento dos movimentos dos demais elétrons do Universo*. Na opinião do físico inglês David Bohm, ex-colaborador de Albert Einstein e amigo íntimo de Krishnamurti, o mundo real se acha estruturado de acordo com princípios semelhantes à *holografia*: se qualquer parte de um holograma se ilumina, a totalidade da imagem reconstrói-se. Seu objetivo é explorar a ordem inerente à "teia de aranha cósmica" de relações, num nível de implicação total. Criando o termo "holomovimento", Bohm refere-se a uma ordem mais primária do Universo, a um *fenômeno dinâmico de que fluem todas as formas do universo material.*

Hologramas

O ilustre cirurgião Karl Pribram elaborou um novo modelo do cérebro, que converge com a teoria do movimento holonômico de Bohm. Esboçando uma teoria integrada do Universo e do cérebro, ele demonstrou que, além do pensamento digital, o cérebro pode cumprir um tipo de processamento paralelo que envolve os princípios holográficos.

Os hologramas são criados por um raio laser que produz uma imagem transparente, mas que contém uma representação tridimensional. Este método de fotografia criado por Dennis Gabor caracteriza-se por distribuir toda a informação de um objeto fotografado por toda a superfície da película. Trata-se de um sistema de fotografia sem lente. O campo de onda luminoso expandido por um objeto é registrado na placa em forma de padrões de interferência, feixes ou "redemoinhos" de acontecimentos. Ao se colocar um feixe de luz laser, instaura-se novamente o padrão de onda original e aparece uma imagem tridimensional. O mais "misterioso" do holograma é que se o cortarmos ao meio obtemos duas imagens que contêm, cada uma delas, a mesma imagem do holograma maior, e assim sucessivamente, pois cada fragmento da transparência holográfica contém a imagem inteira completa. Desta forma, um holograma não pode ser dividido em fragmentos, pois possui propriedades semelhantes à de um campo. Isso coincide com o que a nova física descobriu em relação às partículas subatômicas – unidades fundamentais da matéria – ao comprovar que elas tampouco podem ser isoladas como blocos ou entidades unitárias individuais. Seu comportamento é determinado pela coletividade das partículas, o que significa que possuem "propriedades de campo".

Stanley R. Dean, em *Metapsychiatry; The confluence of Psychiatry and Mysticism*, formula a hipótese de que o pensamento tem as propriedades universais de qualquer "campo" e, portanto, da mesma forma que os campos gravitacionais e magnéticos, é "suscetível de investigação científica". Segundo Talbot, a relação holográfica de campo parece também governar sutilmente toda a estrutura vital e de imediato a estrutura do nosso pensamento.

Keith Floyd opina que processos cerebrais como a imaginação, a memória, a percepção, podem ser compreendidos a partir de "um modelo holográfico da Consciência" e do funcionamento cerebral. Cada lembrança, cada fragmento de informação, cada melodia que nos "habita", está infinitamente entrecruzado com os demais fragmentos de informação armazenados em nossa mente, conformando aquilo que Floyd chama de "matriz criadora perfeita e puramente ambígua" ("*Of Time and the Mind*"). John Lilly, em *The Human Biocomputer*, refere-se a esta matriz como a um "espaço cognitivo de projeção multidimensional", comprovando que não existe diferença entre este espaço e o que percebemos como realidade. Todos os espaços estão na mente, e *a Consciência é o único instrumento com que podemos observar a Consciência*.

P. J. Heerden também propõe um modelo holográfico do cérebro (*The Foundation of Empirical Knowledge*) comparando-o com o alcançado artificialmente pelo homem em armazenamento holográfico. Já se conseguiu reunir com êxito dez bilhões de unidades de informação numa placa de menos de um centímetro cúbico. Existiria uma esfera *im*plicada total indivisível, uma ordem mais primária do Universo, um holomovimento que subjaz por baixo da esfera *ex*plicada de coisas e acontecimentos aparentemente separados entre si, que conformam o nosso relativo mundo cotidiano.

O "paradigma holográfico" sustentado por Pribram e Bohm postula basicamente que o nosso cérebro é uma espécie de holograma que percebe, interpreta e participa num universo também holográfico, de maneira que *cada parte* está *no Todo e o Todo em cada uma de suas partes*. Pribram refere-se aos hologramas do cérebro como a "*catalisadores do pensamento*", e muitos pensam que a glândula pituitária, o tálamo, o hipotálamo e a glândula pineal desempenham um papel importante na articulação holográfica (T. Gimbel), apesar de se saber que a Consciência não envolve tanto um órgão (Floyd) quanto interações de campos de energia cerebrais.

Tanto a matéria como a Consciência são tipos de campos gravitacionais e, se o Universo é como uma grande placa holográfica, o que transcorre na consciência afeta o Universo.

Totalidade ininterrompida

Quando se pergunta a Jarret sobre a origem de sua forma particular de se relacionar com o piano e o movimento, ele responde que a vida tem um coração, uma essência, de onde provém *tudo* o que se encontra na sua superfície. Apropriando-nos das formulações de Bohm, poderíamos inferir que a vida tem um coração, uma essência, um holomovimento, uma fonte não-manifesta, uma ordem dobrada, implícita ou implicada, de onde provém *tudo* o que se encontra na superfície da vida, a ordem manifesta, desdobrada, explícita ou explicada, que parece ser um mundo estável, mas que não está "realmente" ali.

Sons e movimentos são vibrações que se engendram mutuamente e não estão separados uns dos outros. A música e o movimento são considerados, tanto pelos cientistas e físicos de visão sistêmica, quanto pelos poetas e profetas da Antigüidade, uma manifestação da energia dinâmica universal. Todos os mitos do homem falam da criação do mundo como uma dança de *Deus*. Na mitologia hindu, o *Senhor da Dança, Siva Natarajak*, envia ondas de som que palpitam através do universo material, sacudindo-o do seu letargo para a vida. No ser humano (um *holóide* do Universo), a música e o movimento se encontram tão entrelaçados que é difícil situar – em caso hipotético da sua existência – o limite entre ambos. Alfred Whitehead elaborou uma filosofia da *existência vibratória*, em razão da qual podemos pensar que todos os elementos são, em essência, vibratórios. *Música e movimento são exatamente como a crista e o seio de uma onda: uma única vibração*. Whitehead expressa que cada elemento do Universo é um "vaivém vibratório de uma energia ou atividade subjacente". Todas as coisas são agregados de átomos que dançam, e por seus movimentos produzem sons. Se o ritmo da dança se altera, muda também seu som inerente; por outro lado, inversamente, a pulsação sonora afeta os processos de movimento que a circundam. Cada átomo eleva perpetuamente o seu próprio canto, e vai gerando, de momento a momento, formas impulsionadas por suas melodias. O som é movimento em forma de energia vibratória. Assim mesmo, o movimento sempre gera um padrão sonoro, e vice-versa. Como realidade fundamental, são interdependentes, indivisíveis e inseparáveis; por conseguinte, *falar de um holomovimento é também sugerir uma holomúsica, da qual fluiriam todos os padrões harmônicos do Universo material*.

Confluindo o expressado por um músico, um místico como Jarret, e um físico, um cientista como Bohm, deduzimos que a vida tem um coração, uma essência, uma fonte, uma ordem dobrada, implícita ou implicada, uma *holomúsica* de onde provém tudo o que se encontra em sua superfície, a ordem desdobrada, explícita ou explicada, o manifesto, os sons audíveis, a música, todos os ritmos que criamos diariamente, empatizados com essa matriz não-manifesta.

A "Canção de Ur", assim como as pulsações rítmicas que a maior parte dos grupos costuma compartilhar numa improvisação espontânea, seriam geradas por essa holomúsica que, como "totalidade ininterrupta", fluiria em harmonia com a música das esferas.

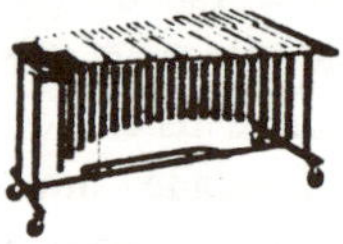

Ressonância mórfica

O químico e biólogo britânico Rupert Sheldrake, autor de *Uma nova ciência da vida* (1981), expôs uma teoria revolucionária e controvertida que constitui, a meu ver, um dos maiores desafios colocados pela ciência atual para o antigo pensamento mecanicista. Ele estudou as leis da evolução dos seres orgânicos em relação com a forma que apresentam em diferentes épocas de sua vida – morfogenia – quer a partir de uma perspectiva histórica *onto*genética – organismo individual – quer *filo*genética – na espécie humana; e em relação ao desenvolvimento das formas instintivas de ação e comportamento rumo a séries mais complexas. Em suas pesquisas, ele deu especial ênfase a um aspecto que os pesquisadores costumavam deixar de lado: o aspecto *qualitativo* da evolução e desenvolvimento das formas, a que chamou de a "*causação formativa*", além do aspecto quantitativo ou "causação energética", mais comumente estudado; Sheldrake verificou que *existe um campo morfogenético modelado e determinado pela forma e pelo modo de comportamento de organismos anteriores de uma mesma espécie biológica, através de distantes nexos no tempo e no espaço*. (Ao ler estas proposições recordei imediatamente as noções de inconsciente coletivo e de arquétipo incrustado – C. G. Jung; aquelas pautas dinâmicas que transcendem as fronteiras individuais pertencem à espécie e conformam uma interfase entre a Consciência e a matéria.) Mais adiante, Sheldrake aprofunda ainda mais suas pesquisas e apresenta uma teoria que contém nossas "intuições" a respeito do transfundo universal das relações musicais, englobando a *Canção de Ur* e o *holomovimento* de Bohm. *Os campos morfogenéticos exibem propriedades acumulativas*, ou seja: *se uma entidade ou uma quantidade de membros de uma espécie biológica desenvolve determinada propriedade organísmica ou aprende uma nova pauta específica de comportamento, estas propriedades são adquiridas, de maneira automática, também pelos outros membros da espécie, apesar de não existir entre eles proximidade ou contato* (pelo menos do tipo convencional conhecido). Este fenômeno, que se denominou "*ressonância mórfica*" (ressonância formal), explica biologicamente o freqüente achado de premissas ou pautas sonoro-musicais similares em indivíduos de diferentes regiões do mundo, de idades diferentes, de níveis diversificados de desenvolvimento psíquico ou físico e de culturas variadas, e, ainda mais, remete à possibilidade de uma *conexão sincrônica* do veículo-som em pulsações de caráter universal.

Pensareis talvez que esta teoria é um tanto "inacreditável", mas como este livro baseia-se na realidade relativa da nossa percepção, do nosso conhecimento e de nossas crenças acerca do mundo que habitamos, levarei um pouco mais adiante a minha proposta. Diferentemente da maioria das costumeiras "verdades científicas", esta teoria morfogenética de ressonâncias foi totalmente verificada. Uma das experiências que se entrelaçaram com ela, e corroboraram seus pressupostos, está descrita no livro *Lifetide*, de Lyall Watson. Nesse texto é narrada uma experiência japonesa batizada de "fenômeno do centésimo mono". Em Koshima (uma isolada ilha do Japão) uma jovem mona da espécie "Macaca fuscata" foi adestrada e aprendeu um comportamento completamente novo para a sua espécie e, supostamente, para ela própria (lavar de determinada maneira umas batatas cruas que estavam cobertas de areia). Este "avanço" em seu comportamento foi transmitido a seus pares próximos sem que nenhum pesquisador tornasse a participar do ensinamento, e – eis o mais importante – esse comportamento novo começou a aparecer em monos dessa espécie mas localizados em ilhas distantes sem nenhum tipo de contato com Koshima durante todo esse tempo. Esta nova ação ficou gravada – inscreveu-se – nessa espécie de monos em todo o mundo, como um novo traço adquirido.

O ponto básico estabelecido por Sheldrake – que escreveu a sua hipótese de "causação" formativa enquanto vivia num *ashram* cristão da Índia – é que *o nosso universo não se rege tanto por leis quanto por "hábitos"*; quando ocorre certo acontecimento que traz uma novidade em determinado terreno, tal evento estabelece um "campo de ressonância" que se converte num molde ou modelo-matriz para que outros eventos equivalentes se produzam. Este molde é o *campo morfogenético*. Tomemos outro exemplo extraído da química: quando se sintetiza um novo composto orgânico pela primeira vez, torna-se muito complicado obter o cristal inicial, e talvez aconteça algo parecido com os seguintes, mas. . . depois isso se torna muito simples e, mais tarde, obtém-se o cristal em qualquer laboratório com total facilidade. Na década de 20, William McDougall conduzia pesquisas em Harvard a respeito de parâmetros de aprendizagem com pequenos roedores, treinando-os para atravessar um complexo labirinto de água. Dougall percebeu que cada nova geração aprendia com maior rapidez e, imaginando estar diante da teoria evolutiva por herança de traços adquiridos de Lamarck, resolveu experimentar com novos roedores, levados de outros laboratórios. Comprovou então, estupefato, que, independentemente de onde houvessem vindo, o labirinto já estava na consciência dos roedores. Eles conheciam todos os truques e caminhos possíveis!!

Isso abre um vastíssimo espectro de implicâncias para se compreender o fato musical, a essência da música em seu grau mais profundo, e a sua relação com o organismo humano. *Existiria uma morfogenética humana que conteria a informação dos nossos desenvolvimento e dos novos passos da Consciência do homem.*

Partindo desta perspectiva, um monge taoísta, que aperfeiçoa o seu Tai Chi, está agindo holograficamente sobre o teu ser, do mesmo modo como os teus pensamentos e as tuas músicas agem, por ressonância mórfica, sobre toda a espécie humana. Esta nova visão científico-ecológica abre-nos um jogo insuspeitado de relações futuras. Penso e "ressôo". . . com a semelhança formal evolutiva, a pauta que conecta de G. Bateson; a possibilidade isomórfica de ressonância entre seres ou sistemas de energia diferentes a partir da sua similitude de estrutura e Abraham Maslow; a trama holográfica da existência delineada por Bohm,

Leonard ou Bohr; o prana hindu e os *Kallpas*; Arthur Young e a sua visão cosmológica onicompreensiva, as simetrias subjacentes de Pribram; a matriz e a abordagem *bootstrap* de Geoffrey Chew; a tabela periódica de Mendeleiev, a consciência coletiva junguiana; a teia de aranha cósmica de Capra; no princípio de sincronicidade do *Livro das Mutações (I Ching)* ou nos concertos de Keith Jarret, èsse pianista que disse certa vez que percebia, havia muito, que até mesmo quando improvisava, estava tocando a música de *outra gente*, outra música e não a sua, mostrando um centro pessoal que é também um *centro universal* e que qualquer pessoa pode sentir.

Matriz coletiva

Existe uma particular *matriz musical* em constante mutação que subjaz – onto e filogeneticamente – em todo ser humano. Certo tipo de relação pulsante rítmica cuja raiz, ou protótipo inconsciente, se estende ao passado e se dá mais além do juízo racional ou da vontade consciente.

Existem melodias e ritmos que compartilhamos, que surgem de uma *gestalt holonômica que nos transcende*. Por sua vez, todos os sons e a música que criamos dia a dia com nossos movimentos e nossas ações se inter-relacionam *transpessoalmente* numa faixa de freqüências que abarca o nosso campo morfogenético-biológico, o nosso inconsciente grupal e a Consciência primordial.

"A vida tem uma essência. Um coração. Quando improviso uma música, ela deve estar próxima do pulsar do meu coração; assim automaticamente estará perto dos meus ouvintes, porque todos os nossos corações estão pulsando em uníssono." (Keith Jarret)

Somos individuais e universais
Singulares e plurais
Um e Todos
Unidos pela mesma música
A música da alma
A holomúsica
O som da Totalidade.

O MANTRA QUÂNTICO

A Lua se transluz no mar sem uma sombra.
Somente os peixes se extraviam.
Koan Zen

Mantra nas sombras

Foi em 1977, há mais de dez anos. Eu coordenava então um grupo de musicoterapia para pacientes psicóticos num hospital psiquiátrico. Um dia, o clima estava disperso, os pacientes abúlicos; eram os meus primeiros anos de trabalho e o "não saber o que fazer" ainda me preocupava. Espontaneamente, uma paciente – lembro-me ainda do seu nome: Lara[1] – começa a entoar ou a salmodiar uma frase, depois outra, como um murmúrio que ia crescendo. Seu significado era incompreensível para mim, e por certo, não tive dúvidas em atribuir rapidamente esse "estranho canto" à sua patologia. Não obstante, passados alguns minutos, esse som me cativou, e o mesmo aconteceu com os seus companheiros. Sem qualquer tipo de comando, todos nos unimos nessa repetição de uma maneira quase inconsciente ou primária. Estivemos cerca de uma hora reiterando esta frase:

Omm shanti shanti ommmmm
Omm shanti shanti ommmmm
Omm shanti shanti ommmmm

1. Catalogada como uma esquizofrênica paranóide, Lara manifestava vários "delírios". Afirmava fazer viagens astrais, falar com deidades e divindades, receber informações de um guia espiritual que vivia no Tibete.

Ao término da sessão, como que por um acordo mútuo, todos se levantaram e quase sem comentários se retiraram do consultório. Lembro-me ainda de seus olhares. Ainda sinto o clima de confiança então gerado, a atenção de todo o grupo. Doze pacientes psicóticos graves cantando durante uma hora, emitindo sons, sem se dispersarem?

Não relatei na supervisão grupal o sucedido. Temia que uma interpretação psicológica quebrasse a magia criada nesse dia.

Não entendia absolutamente nada.
Com o passar do tempo comecei a compreender.

Tudo é vibração

Salmodiar um simples som em forma repetitiva produz um profundo impacto sobre o nosso organismo e sobre todo o Universo. A vibração, geradora de estados harmônicos, serve de ponte entre as doutrinas sagradas que se perdem nas tradições mais antigas e as teorias cosmogônicas subscritas pelo que há de mais avançado na ciência atual.

Numerosos grupos de trabalho (psicoterapêuticos, de aprendizagem, de encontro, operativos, espirituais) costumam começar e/ou finalizar suas jornadas em círculo, balançando-se levemente, ou em posição meditativa, entoando, salmodiando ou cantando repetidas vezes uma fórmula. O OM, um ooo. . . que sobe do mais profundo do diafragma de cada participante, prolonga-se durante todo o tempo alcançado pela capacidade pulmonar de cada qual e vai se sobrepondo, embutindo, potenciando numa vibração única, comum, poderosamente harmonizante.

É também habitual alguns grupos "cantarem" o nome de um dos seus integrantes – o seu *som-raiz* – ou que, em sessões de musicoterapia, se alcancem semelhantes estados de paz a partir da emissão fluida de simples sons vocálicos.

Essa prática não é nova. Já em meados dos anos 60, uma canção repete uma e outra vez o primeiro estribilho com claras influências mântricas:

Laa la la la la la laa
la la la laa
Hei Jude! . . .

Todavia, na *California*, recebem-se as influências do *Este* – que transformariam nossas correntes de pensamento e de psicoterapia – nos mantras psicodélicos que encerram os pioneiros *workshops* do Instituto Esalen. Hoje, passados mais de vinte anos, abordar o fenômeno mântrico implica compreender que *todo o Universo está baseado em vibração*, e que essa vibração pode ser a natureza fundamental de cada forma de energia conhecida pela ciência.

O *OM* simboliza a origem, a fonte suprema, o absoluto. É uma palavra evidentemente criadora, considerada por muitos como a *essência de todas as manifestações do Universo.*

No princípio era o som

O estudo dos mantras brinda-nos um campo de experiências vasto e complexo em relação aos possíveis "efeitos" do som em nosso ser. (A palavra "efeitos" está entre aspas porque, na realidade – como veremos mais adiante –, o fenômeno sonoro é um acontecimento que nos implica numa relação que supera a determinista postura causal cartesiana.) Os mantras – pertencentes ao reino do não-pensamento – não são usados apenas por seu significado, mas também como evocadores e assimiladores das forças de que são um símbolo. Têm por finalidade, entre outras, a indução a um particular estado de consciência supraconsciente. O canto desenvolve a respiração, aumenta a proporção do oxigênio que irriga o cérebro e, por conseguinte, modifica a consciência do emissor.

OM e *AUM* são os mantras hindus mais conhecidos. Os dois contêm as letras "*m*" ou "*n*", como a maior parte dos mantras, sílabas que parecem ressoar na cabeça mesmo quando repetidas em silêncio. O simples fato de imaginá-las pode desencadear uma suave onda vibratória na região do cérebro situada entre os olhos e sob a fronte (em cima das sobrancelhas), gerando uma ótima tonicidade expansiva através da vasta e complexa rede circuital do nosso sistema nervoso.

Cientistas e estudiosos ocidentais, que entraram em contato com o fenômeno mântrico um pouco "de fora", objetivamente e em sua superfície, afirmam na atualidade que existe uma propagação da onda vibratória para o centro do crânio, que faz vibrar, por ressonância de freqüência, a *hipófise* e a *glândula pineal*, através do acento ou apoio dado ao último fonema do mantra, "*mm*", ao expulsar o ar pelas fossas nasais. A glândula hipofisiária controla a síntese de numerosas harmonas e está relacionada com a orientação têmporo-espacial e com o equilíbrio. A glândula pineal coordena a pulsação ou ritmo respiratório, os latejos do nosso coração, assim como o funcionamento harmônico das nossas glândulas sexuais. Segundo *The Brain/Mind Bulletin*, a glândula pineal poderia ser uma espécie de glândula-mãe, regulando as atividades da pituitária – glândula-mestra do cérebro – através da secreção de uma substância chamada melatonina (no Harvard Research Centre detectou-se a geração ativa de melatonina em pessoas em estado de contemplação mântrico).

Comprovações realizadas em física ondulatória asseguram que com a repetição de um mantra ativa-se uma transfusão do comportamento físico, orgânico e psíquico.

Num fenômeno tão fascinante e amplo, e cuja natureza exata é ainda um tema complexo a ser elucidado, julgo importante revisar alguns aspectos globais em torno da crença generalizada dos poderes de transformação e criação do som em diferentes comunidades. *Existem fatos que, embora se apresentem em forma aparente como distantes ou alheios à nossa realidade cotidiana, abrem portas que conduzem a caminhos profundos em direção ao conhecimento e à compreensão da nossa relação e interação sensível com o som como matéria ou força criadora de vida.*

No princípio era Brama, com quem estava o Verbo.
E o Verbo é Brama.

Vedas

Os *Vedas* e suas glosas hinduístas descrevem o *OM* como uma força natural básica, inerente a todos e a cada um dos fenômenos expressados pela natureza, força a partir da qual derivam as outras forças. Existiria uma força primária, o som criador, que geraria a formação das outras forças secundárias. Segundo essas escrituras hindus, mais antigas do que o *Antigo Testamento*, Deus criou e sustenta o mundo inteiro através do poder vibratório. *OM* modela e organiza a matéria primordial, descendendo em freqüência dos reinos da *Consciência*, provocando a fusão dos átomos revela a matéria física. *Tudo quanto existe* – no dizer dos *Vedas* – *é concebido como de natureza vibratória*, que se manifesta em diferentes freqüências ou combinações de freqüências. Estes conceitos – como veremos mais adiante – são praticamente idênticos aos revelados pela física atômica ondulatória.

Som Cósmico, Logos, Tom Único, Harmonia Celeste, Vibração Primária, Verbo, Música das Esferas, Infinito, Absoluto Noético ou *Consciência Primordial*, são todos conceitos compreendidos dentro do termo *OM*.

No princípio era o Verbo, e o Verbo estava com Deus.
E o Verbo era Deus.

Evangelho segundo São João

Há indiscutíveis semelhanças entre o hinduísmo e o cristianismo, e uma delas reside no conceito vital *OM*, pois dificilmente se pode evitar a lógica conclusão de que *OM* e o Verbo cristão são diferentes formas de nomear a mesma coisa.

No princípio era o Som, e o Som estava com Deus.
E o Som é Deus.

Existe o som cósmico, inaudível, e o som audível, afirmam os *Vedas*. O som audível, que em sânscrito se chama *Ahata*, é aquele que pode ser ouvido por qualquer pessoa; esse som – que em suas múltiplas manifestações e combinações forja a linguagem das sílabas articuladas, os idiomas, e a linguagem dos sons que chamamos musicais – foi engendrado por *Anahata*, a *Música das Esferas*, que não pode ser ouvida por nossos órgãos perceptores, mas que é ouvido em estado de serenidade e completude. Chegou-se mesmo a esboçar uma certa classificação de harmonia, desenvolvimento ou consciência superior, surgida da possibilidade ou impossibilidade de se perceber esse *Tom Único.*

O som é o meio poderoso pelo qual se cria a forma, primeiro no estado invisível e depois no visível, assegura Theo Gimbel, um cientista que, durante muitos anos, conduziu pesquisas a respeito de calor, luz, som e terapia, em estreito contato com os ensinamentos de Rudolph Steiner. "Os cristais são formas de sons originais." Rudolph Steiner fala-nos do som ou éter químico e dos importantes laços de união entre a química e o som. Sabe-se que existem alguns elementos extremamente estranhos e alheios ao nosso conhecimento, situados na estratosfera exterior. Nesse âmbito, em que há obscuridade porque não existe luz refletida, existe também som que não podemos escutar porque está tão alto na escala de harmônicos que se torna inacessível à capacidade auditiva de qualquer ser físico, salvo se se aceder a estados superiores de consciência através de práticas como a meditação. *A escuridão, unida a esse inaudível-som, é o primitivo começo sagrado de toda existência: o útero da criação. Nesse lugar tem origem a vida.* (T. Gimbel.)

> ***Temos de olhar com admiração aquilo que não entendemos. Se nos revestirmos desta atitude, começaremos a ser ensinados acerca do trabalho secreto das energias.***
>
> ***Rudolph Steiner***

Aquele que escuta o *OM* transcende o passado, o presente e o futuro. Cruza as barreiras do próprio eu.

É interessante pensar que a palavra *Anahata* – som inaudível – também representa em sânscrito o nome que se outorga ao centro ou *chakra* do coração. A verdadeira música excita o coração e o coração excita a grande música, afirma também a concepção chinesa, para a qual o coração – *sin* – é o assento da nossa consciência emocional.

O coração é para Confúcio o centro do *Vazio*; para os taoístas é a terra dos nossos antepassados (um conceito aparentado com a noção junguiana de inconsciente); para os budistas, é o terraço da vida plena. Para a sabedoria tolteca, o caminho do coração revela a senda do verdadeiro saber.

O caminho do coração leva à meta.
É o caminho da Consciência.

Kung Tsé

Dentro do pensamento hindu, todo som *Ahata* – audível – ao provir do "silêncio" criador, contém algo dessa energia que o gerou; por conseguinte, *produzir um som é estender uma ponte para os padrões vibratórios de todos os objetos e acontecimentos.*

Esta concepção concorda plenamente com as formulações científicas holográficas de Karl Pribram. O "silêncio criador" Anahata está indissoluvelmente aparentado com o holomovimento de Bohm ou com a Matriz S de Chew, a ordem dobrada não-manifesta, que sustenta e gera a Ahata, a ordem desdobrada, superficial ou manifesta. Inferir que um som pode estender uma ponte para outras matrizes vibratórias originais é pensamento holonômico *bootstrap* puro.

Encontramos um pensamento semelhante no sistema filosófico chinês antigo, no qual se acreditava que todo som audível, incluindo a música, era uma *manifestação de uma estrutura sonora primordial*. Lü Bu Ve o explica aproximadamente com estas palavras:

A origem da música tem suas raízes em Deus
Surge da proporção
Da certeza de que todo fim é seguido de um novo começo
De que tudo gira em redor do ciclo vital
De que todo extremo é seguido de um retorno
O céu e a Terra convivem neste ciclo
No qual as estações do ano se sucedem
O calor anuncia a chegada do frio

A suavidade nos ensina o sentido da dureza
O som nasce da harmonia e do sincronismo
De todo este conjunto
A música nasce do equilíbrio
O equilíbrio nasce da justiça
A justiça nasce do verdadeiro propósito do mundo
Por conseguinte, *só penetramos no espírito da música*
Quando reconhecemos o propósito do mundo
A harmonia
As infinitas relações interdependentes do Universo.

O som fundamental, o *OM, Vibração Divina*, possuía elementos de ordem celestial que governavam o Universo inteiro, e assim como o som primordial mantinha a ordem e a harmonia dos céus, o som audível, em sua forma musical, transmitia um reflexo dessa ordem na terra (*Memorial da música chinesa*).

As obras dos agnósticos gregos afirmam que o Universo surgiu como resposta a uma sílaba criadora, e as liturgias de diferentes igrejas cristãs contêm alguns ressaibos de conhecimentos relativos à qualidade sonora. As palavras "*amém*" e "*aleluia*" possuíram, em seus primórdios, um claro e definido sentido mântrico. Se não se houvesse atribuído uma virtude mântrica ao sentido de *amém* (que significa confirmação, acordo ou desejo) não haveria razão alguma para não o traduzir durante a cerimônia litúrgica. *Amém. Om* em hindu. *Ung* em tibetano. *Ang* em chinês. *Ong* em japonês. *Amn* em egípcio. *Un Mein* em hebraico ou aramaico. Na *Igreja Ortodoxa Grega* seu emprego é muito parecido com o dos mantras na *Índia* e se pronuncia *Aramen* ou *Ahmenn*. Alguns católicos – creio que com justa razão – se negam e resistem a celebrar a missa em outro idioma que não o latim, pois consideram mais além do significado o sentido literal; o importante é a repetição múltipla das orações. Os dervixes recitam durante horas o nome de *Alá* com um sentido mântrico, aumentando pouco a pouco a velocidade do ritmo das palavras. Alá. . . . . Alá. . . Alá. . . Alá. . Alá. Alá. Alá. AláAláAláaa. . .

Emitir um som com a nossa voz nunca deve constituir uma intenção de logro exterior. Como o arqueiro que aponta para si mesmo e dispara a flecha para o "centro do seu ser" (Herrigel), o alvo sempre é o mesmo. *O som exerce um impacto holístico em nosso organismo, produzindo ressonâncias ou implicações em diferentes níveis.* Produzem-se mudanças químico-elétricas muito delicadas; os dispositivos substâncio-energéticos do nosso sistema nervoso encefálico se relacionam com certas combinações de elementos químicos responsáveis pela produção de reações circuitais que alimentam grande porção da atividade cerebral. Tais dispositivos, em sentido inverso, recolhem sistemas de sinais de resposta e controle muscular. Cada pessoa dirige ou determina a velocidade, freqüência e suficiência ótima da descarga dessas substâncias químicas, através da conformação de seu ser e de seu particular estado de consciência. Sabemos que o som pode acelerar ou retardar o movimento dessas substâncias complexas, e supõe-se que os sons falados ou cantados – vocais – exercem um impacto radicalmente superior no organismo, como o revelam os trabalhos que vêm sendo desenvolvidos no *Harvard Research Center in Creative Altruism* com indivíduos em estado de meditação, incluindo sons, e que citaremos mais adiante.

Os musicoterapeutas sistêmicos sabem que não apenas a personalidade (*per sona*, pelo som) se reflete no som do indivíduo. Como o aparelho humano de vocalização é o instrumento mais flexível que se conhece, é possível fazer a sua exploração em várias dimensões (filosóficas, biológicas, psicológicas, artísticas, sociológicas, fisiológicas, bioenergéticas, noéticas). No campo das psicoterapias e do desenvolvimento de potencialidades humanas, o uso do aparelho vocal tem sido amplamente estudado e desenvolvido. Terapias reichianas, análise bioenergética – Pierrakos, Keleman, Lowen – o psicodrama de Moreno, o Roy Hart Theatre de Londres, Paul Moses, Centro Daytop de Daniel Casriel, Arthur Janov e seu grito primal, a *gestalt* de F. Perls e, certamente, as correntes de psicologia transpessoal que incluem contribuições de outras culturas (taoísmo, budismo, ioga).

O músico, bailarino e mestre de tai chi, Al Chung-liang Huang, num seminário ditado na Califórnia, no Instituto Esalen, diz o que segue: "Às vezes cantamos ao praticar tai chi, para estender o princípio do fluxo único e contínuo de energia. Utilizamos o que temos, que é a nossa voz. Muita gente canta *Om*. Algumas pessoas têm motivos místicos ou religiosos para elegerem *Om*, mas, para mim, trata-se simplesmente de um som bonito e fluido. Desenhas essa forma redonda com a boca e permites que o som surja. Quando eu era menino costumávamos cantar *na mu o me to fo*, que é uma versão chinesa de um cântico budista. É algo arbitrário. É apenas uma variação de um som fluido geral que podes realmente sentir saindo do teu centro. Sentamos, respiramos e permitimos que as coisas aconteçam. Permitimos que surja o *som de uma nota, aquele que é também um milhão de sons. Dentro desse som podemos ouvir todos. É como se se abrissem inclusive os poros do teu corpo, e o som brota de ti. Emites um som com o corpo todo, e o som de todos se transforma no teu.*"

Cristalizações de poder

A eficácia de um mantra não depende em absoluto do seu significado verbal ou literal – embora geralmente o possua – e a sua longitude varia entre uma e vários milhares de palavras. *Lum, Vum, Rum, Yum, Aum, Om*. "Tu, bem-aventurado, vives com muita generosidade." Este mantra, por exemplo, baseia-se nos *chakras* do tantrismo, a cada *chakra* corresponde um fonema, salvo ao último – o sétimo – que é silencioso. Se tomado isolado do resto, o componente do som terá pouca transcendência. Se uma pessoa não-iniciada no ioga mântrico ouvisse um mantra recitado com perfeição por um grão-mestre e o repetisse em seguida "perfeita e exatamente" igual, o efeito seria nulo. O *lama* Govinda ensina que as vibrações sutis dos mantras se intensificam por associações mentais que se vão cristalizando em seu derredor.

O som não é mais do que um símbolo de poder latente no mantra, a pronúncia incorreta das sílabas não se reveste habitualmente de demasiada gravidade, pois o que desencadeia os poderes da mente é a intenção do adepto. Ainda que o mantra esteja formado por sílabas carentes de sentido, ou de significado conceitual, o exercício de pronunciá-las permite ao adepto conjurar instantaneamente as qualidades psíquicas que aprendeu a associar-lhes. *A qualidade ou poder reside não apenas no som que produzimos, mas no som arquetípico que representa* (C. G. Jung). E isso vale para todo som extraído do nosso centro, das raízes, e não simplesmente para os mantras.

No *She-nyan* encontramos a história de um tibetano que acreditava firmemente na sabedoria de certo guru, mas que possuía escassos conhecimentos de sânscrito. Ele viajou para a Índia e se apresentou ao guru, só que o fez num momento inoportuno, sendo recebido pelo grito "Vai-te embora!" e um gesto de recusa. O homem interpretou isso como um poderoso *mantra*, acompanhado do seu respectivo movimento (*mudra*), e, praticando intensamente num retiro de montanha, alcançou com o tempo um elevado nível de perfeição. Ao voltar ao guru a fim de agradecer-lhe, inteirou-se do seu erro; assim, em vez de repreendê-lo, o guru o felicitou por haver obtido tais resultados com a sua fé inquebrantável.

Muitos "conhecedores experimentados" repetem com freqüência que a validade e a eficácia de um mantra está nas vibrações que ele provoca e, por conseguinte, colocam excessiva ênfase na pronúncia correta. Entretanto, os mantras sânscritos foram vertidos para o tibetano, para o chinês ou para o japonês – tornando-se praticamente irreconhecíveis no decorrer dos anos – e conservaram intatos sua energia e seu poder. Por exemplo, *Om* transforma-se em *Ang, Um, Ong, Am*, etc.

O verdadeiro poder está mais na mente e no coração do emissor do que no som do mantra. Ao carecerem de significado, não promovem nem favorecem o pensamento conceitual, e por esse motivo podem nos ajudar a alcançar um estado de consciência unificada muito difícil de atingir em outras condições.

Existe outra anedota de um monge hindu que, aproveitando a estação das chuvas, foi visitar a mãe, preocupado que esta se sentisse infeliz e estivesse passando privações. Surpreendeu-se ao encontrá-la radiante, tranqüila e plena de felicidade, e se assombrou ainda mais quando ela lhe contou que essas mudanças para melhor se deviam ao fato de ela ter aprendido um mantra especial. O som desse incrível mantra permitia-lhe transmudar qualquer pedra em alimentos preciosos. Dito isso, pôs-se a recitar o seu mantra, e como o monge era um homem culto, começou a corrigir os erros que ela cometia ao pronunciá-lo. No entanto, quando a mulher conseguiu a pronúncia correta, o mantra havia perdido a sua eficácia. Então, o filho aconselhou a mãe a que tornasse à sua antiga forma de repeti-lo, e ao fim de algumas tentativas, movida por sua tremenda fé, ela voltou a transformar as pedras em deliciosa comida.

A voz do átomo

É evidente que os autores dos *Upanishad* e os físicos do século XX trabalham dentro de sistemas de terminologia muito diferentes, e manifestam abordagens distintas em relação à aquisição de conhecimentos. Entretanto, como todos nós bem sabemos, a Física chegou a perceber as mesmas verdades e a delinear imagens concordantes da realidade. Não devemos esquecer que o *Om* é um som totalmente inaudível, por conseguinte, não procuramos um "som" tal como o concebemos comumente. Por isso, incluo este tema no presente volume, pois a realidade que buscamos nesta meditação em torno do tema dos mantras, é uma realidade diferente daquela que costumamos perceber. *O som que julgamos ouvir obedece a uma realidade absolutamente relativa, assim como todo o resto de nossas percepções.* Um novo paradigma deve incluir necessariamente novas espécies de informação e uma percepção diferente do mundo que nos contém, pois, como diria Exupéry "o essencial é inaudível aos ouvidos tanto quanto invisível aos olhos".

Costuma-se dizer que a vibração de altíssima freqüência *Om* não só modela como constitui toda a substância material.

A física dos *quanta* evidencia que os átomos e suas partículas constituintes subatômicas são formados por energias ou atividades físicas de natureza vibratória. A matéria não é algo passivo ou inerte, mas que se encontra num movimento de dança contínua e vibrante, cujos padrões rítmicos estão determinados mais além das estruturas moleculares, atômicas e nucleares. Esta é a forma pela qual os místicos orientais vêem o mundo material.

Por volta do ano de 1800, Ernst Chlandi aperfeiçoou placas de metal que tornavam visíveis as vibrações sonoras, e descobriu que as formas geradas não eram modelos aleatórios ou arbitrários, mas formas orgânicas familiares. Em 1973, o biólogo Lyall Watson retomou a investigação das figuras de Chlandi, e escreveu em seu livro *Supernature*: "Círculos concêntricos, como os anéis anuais no tronco de uma árvore. Linhas alternadas, como as listras do dorso de uma zebra. Construções hexagonais semelhantes aos compartimentos de um favo de abelhas. Aros de roda que irradiam, como os canais de uma medusa. Espirais que se desvanecem, como a concha de um molusco. Todas essas formas ocorrem comumente, geradas por simples sons."

Atualmente, o suíço Hans Jenny faz experiências com um complicado aparelho chamado tonoscópio. Aparentado com o *fonodeik* de Dayton Miller (1920), o tonoscópio conseguiu retratar vibrações sonoras que se revelam semelhantes às primeiras fases da divisão celular. Em experiências sobre água, o som gera formas perfeitas e dinâmicas do símbolo do tai chi – o *ying yang* –, fluindo suavemente, abrindo novos círculos em forma constante. Com esse aparelho singelo, praticamente mecânico, já é possível ver o que ouvimos. Microscopicamente, surgiram finíssimas formas de mandalas, matematicamente precisas, com traços arquetípicos claros, proporcionalmente simétricas e numerológicas.

Se por atividade vibratória se entende qualquer atividade ou energia cíclica, ondulatória ou oscilatória, os átomos e as partículas subatômicas não apenas contêm tais energias, como também estão compostos tão-somente de energia em estado de vibração. No século XIX, H. P. Blavatski escreveu que, no ocultismo, os átomos são denominados simplesmente vibrações, numa clara contradição à visão mecânica imperante nesse período da ciência. Blavatski assinalava que os átomos eram insubstanciais e interatuavam consigo mesmos; agora Capra e Heisenberg o confirmam. Quanto mais profundamente exploram a natureza da matéria, tanto mais os físicos da partícula se aproximam das concepções cosmogônicas antigas.

A solidez aparente da matéria é uma ilusão, pois todas as substâncias são formadas por átomos incrivelmente diminutos, separados uns dos outros por distâncias que, em sua relação, são vastíssimas. Os próprios átomos não são nada sólidos, mas consistem em energia em movimento cíclico.

Douglas Vogt e Gary Sultan, em *Reality Revealed*, afirmam que a totalidade dos elementos considerados "físicos" se manifesta dentro deste plano de existência por meio da interação de ondas cíclicas, que provêm de níveis superiores de realidade. Isso está tão próximo do conceito vedanta do *Om*, que, apesar de ser uma tese científica, parece mais uma afirmação mística.

Andrew Gladzewsky, em *The Music of Crystals, Plants and Human Beings*, realizou pesquisas no campo da correlação entre diferentes fenômenos, como os padrões atômicos, o reino vegetal, os cristais e as harmonias da música. Ele afirma decididamente que *os átomos são repercutidores harmônicos*.

Existe um princípio da física atômica que assinala que os átomos reagem e atuam como se possuíssem padrões de ressonâncias, estabelecendo um sistema que desintegra as possíveis barreiras entre a física e a música. Desta perspectiva sustentada por numerosos físicos, *todas as partículas subatômicas podem ser consideradas nodos de ressonâncias*. Em outras palavras, *a nova ciência está começando a considerar o átomo como uma minúscula nota musical* (D. Tame). Em Boston, Guy Murchie afirma que *a natureza básica das partículas atômicas, até o* quark, *é harmônica* (*The Seven Mysteries of Life: an Exploration in Science and Philosophy*).

Wilfried Krüger, autor de *Das Universum Singt*, combina seu conhecimento das leis e da teoria da música com os princípios da física atômica. Ele demonstra literalmente que *a estrutura interna do átomo contém números e razões que se relacionam com os princípios harmônicos musicais*. Krüger é um estudioso de Pitágoras, e assinala que a escala harmônica menor contém uma síntese de forças do interior do átomo orientada de forma vertical e interligada com os componentes da molécula através das forças orientadas horizontalmente. Já Pitágoras, em *Tetraktys*, observava nos intervalos harmônicos de segunda, quarta, quinta e oitava, princípios que regiam a criação do mundo e de toda a vida material. Krüger, continuando pelo mesmo caminho, descobriu uma *inequívoca relação entre esses intervalos musicais e a estruturação dos ácidos nucléicos, o material genético de todos os seres vivos da Terra*.

Hans Kaiser observa também que todos os harmônicos musicais, como a quarta, a quinta e a oitava, correspondem a uma estrutura relacional numérica que também se apresenta na nova física atômica, na arquitetura, na química e na botânica. Com referência à botânica, o livro *Power of Limits*, de Gyorgy Doczi (1981), assinala que existe um paralelismo entre os intervalos harmônicos e a disposição das nervaturas das folhas em relação a seu talo.

Donald Andrews, em *The Simphony of Life*, descobriu *em cada átomo um minúsculo repercutidor de som, uma nota afinada, e concebe coleções de átomos – notas – formando racimos de acordes – moléculas*. Cada objeto ou ser vivo é composto por uma variada gama de moléculas e acordes diversos, que se combinam para formar um som individual, diferenciado, único e complexo. "Por muitas que sejam as imperfeições, no fundo de todos nós existe uma silenciosa pulsação de harmonia e de ritmo perfeito, um complexo de formas de ondas e ressonâncias, absolutamente individual e único, e que, não obstante, nos relaciona com todas as demais coisas do Universo. Toda partícula física deriva as suas características do tom, da pauta e da harmonia das suas freqüências particulares, do seu 'canto'. O mesmo se pode dizer de todos os tipos de radiações, de todas as forças, tanto grandes quanto pequenas, de toda modalidade de informação." Fala assim George Leonard em nossos dias, numa afirmação semelhante à feita há dois mil anos por Pitágoras: "*Uma pedra não é senão música petrificada*."

O músico Gary Peacock, especialista em biologia molecular e em fisiologia orgânica, afirmou que *a matéria não é nada mais nada menos do que música*, pois as relações encontradas na tabela periódica dos elementos, que formam toda a matéria, coincidem exatamente em estrutura com os componentes harmônicos do som.

A estrutura da música e a estrutura real da matéria são idênticas.

Em vez da descrição clássica do mundo como autômato, voltaremos ao paradigma grego do mundo como obra de arte.

Ilya Prigogine. (Prêmio Nobel de Química, 1977.)

A verdadeira iluminação não brilha

Seguindo uma explicação hindu, a etimologia da palavra "mantra" provém do substantivo *manas* e da raiz *tra*, que pode ser traduzida por "proteger". O significado do mantra está detalhado nesta frase, que é uma expansão da mesma palavra: *Manastrana Bhutatvad Mantran Ity Ucyate* ("uma vez que se converteu numa proteção da mente se chama mantra"). O mantra é um protetor da mente. Procura que ela não se extravie nas ficções das palavras.

Muitas vezes confundimos o mundo real com o que pensamos ou falamos do mundo através de seus símbolos. Quando silenciamos interiormente de palavras e de pensamentos incessantes, através da vibração do som puro e real, o nosso coração se aquieta, esvaziando-se para dar lugar a outras formas mais diretas de conhecimento. Seja através do *Om*, ou de uma audição natural – sem mencionar ou diferenciar um som de outro, numa dimensão não-verbal autêntica – o sentido da vibração sonora é reconectar-nos – Castaneda diria "alienar-nos" – com os territórios da *Consciência*. Desta forma, *afinando a corda medular do nosso ser em sintonia com esse som inaudível, percebemos uma única vibração, onde os opostos tendem a desaparecer.*

O som vai e vem
Cintilando num espelho transparente
Sem pressa
Seguindo o derivar da corrente
Sem propósito
Com um propósito ancestral
Refletindo apenas o que é
Puros sons
Sem palavras nem conceitos
Relacionando o espaço e o tempo
E o silêncio
Todos os tempos
Numa nova harmonia
Aquela que afina o teu coração
Com o coração das estrelas.

O estado transcendental alcançado por algumas pessoas através do veículo som nada tem a ver com a sensação de ter atravessado um rio, cruzando-o de uma margem à outra. Estar na outra margem implica o mesmo que não ter cruzado. O som deve conduzir-nos ao vazio em que não há margens. Diz um *koan* – abridor de latas mental – *zen*, que a ponte flui enquanto o rio está quieto (não procures desentranhá-lo agora, encontrar o seu "significado": o próprio *koan* é a ***resposta***, mas, por sua vez, tem muitas respostas. O mesmo ocorre com a música: a pessoa não busca o seu sentido, mas ser com ela).

Antes de experimentar com um mantra, é necessário abandonar nossa cotidiana concepção de nós mesmos, como sujeitos potenciais de experiências superespeciais e únicas, "candidatos à realização, à satisfação e ao êxito", como diria o padre Thomas Merton. Aquele que busca o êxtase paradisíaco, a viagem visionária reveladora, a experiência "transcendente" fora deste mundo, não compreende o espírito humilde da superação e se aferra ainda, excessivamente, às sensações de si mesmo.

O caminho sábio da música é sempre uno e imutável. Quando nos afastamos do caminho e desejamos uma mera acumulação de conhecimentos, nos "inflamos" irrealmente de dados, ritmos, melodias, palavras ou notas sem nenhuma solidez. Não construímos. Uma relação com o mundo da música – que outra coisa não é senão o mundo do "espírito – (leitor/a, dê-lhe o nome que estiver mais ao seu alcance) – deve ser edificada passo a passo, afundando firmemente as raízes na terra. Deste modo é possível frutificar e florescer pacificamente, com naturalidade. A *Consciência* coadjuva a união transcendente de uma pessoa com o Universo, do nosso som com o som primordial, mas então não há ninguém que "tenha" uma experiência fugaz: acontece.

Quando estás cansado, dormes.
Quando tens fome, comes.

O famoso *Nirvana* não é um "conteúdo consciente". É simplesmente vazio. Como o infinito: sem limites nem definição. Sinônimo de inocência; de uma perspectiva psicológica é uma clara "deseuificação". Oposto ao vazio, à sabedoria, acha-se o pleno conhecimento, que torna a encher os espaços para permanecer na ignorância.

A verdadeira iluminação não brilha.

Koan zen

Nomes-raiz

Dentro do universo, tudo foi criado por certo padrão vibratório ou por uma combinação de padrões. Conhecendo-se o som correspondente a um padrão de vibração, é possível influenciar a forma que ele evoca. Segundo a cosmovisão hindu (do mesmo modo que para os antigos egípcios, e para a filosofia da magia em culturas "primitivas") o nome de uma coisa é uma chave para se compreender a sua natureza profunda. Para os que trabalham no campo da terapia é este um importante ponto de vista a ser levado em conta, pois o nome de uma pessoa adquiriria um valor que vai além de uma simples denominação: modela-o e o contém em padrões similares de composição vibratória (princípio de holonomia). D. Tame declara que mudar o nome de uma pessoa é mudar a sua personalidade.

O som original de qualquer objeto, pessoa, fenômeno ou condição é o seu som-raiz, o *mantra-bija* (semente ou raiz). Conhecendo-lhe o som-raiz, um iogue consumado assegura que pode perceber a coisa nomeada em sua totalidade.

Em *The Science of the Spoken Word*, Elizabeth C. Prophet denomina o som-raiz para o elemento terra, *Lam*; para a água, *Vam*; para o ar, *Yam*; para o fogo, *Ram*; para o éter, *Ham*.

Referindo-se ao manejo dos símbolos na magia ocidental (magia, na realidade, é "magistério", mestria, e sua raiz provém de *maj*, que significa real, grande, superior), William G. Gray nos diz que o *amém* é, em primeiro lugar, o *nome-raiz* da própria *Deidade, Aumm-en*, "sou a mãe (criadora) de tudo". Se combinarmos as letras de maneira diferente, obteremos (em inglês) outras três palavras: *name*, o homem, *mean*, meio; *mane*, espírito.

Em Aristóteles, a música com que se expressam as palavras imita os estados afetivos que a determina. A pessoa real vale tanto quanto a sua imagem e o seu som, imitada. Imitar o timbre vocal, os tons, os movimentos ou os modos de andar era considerado, na Grécia, coisa grave. Pensava-se que o que se executava sobre a imitação talvez repercutisse na pessoa imitada. Músico, mago, médico e sacerdote eram a mesma pessoa.

Ondulações cíclicas

Para os *Vedas*, todas as coisas que existem constituem uma manifestação diferente da natureza vibratória do todo, que, conforme suas freqüências (quantidade de ciclos por segundo, velocidade, altura), adotam uma "forma" diferente para os nossos sentidos.

Em seu livro *L'énergie moteur du monde*, Charles Noël Martin comprova que, tanto em forma mecânica quanto em eletromagnética, *a energia ondulatória representa um fenômeno físico que está na base de todas as coisas*, jaz em níveis cósmicos ou no campo do terrestre e do humano.

Todo mantra, todo som, é um acontecimento ondulatório, uma tendência em vibração. A onda sonora gerada pela nossa voz é uma solução particular que se atualiza fisicamente; uma onda quantificada que possui propriedades permanentes e acidentais.

Quando o som puro (pode ser o som da nossa voz, de um instrumento, de uma audição musical combinada com uma adequada colocação, postura ou respiração) põe fim ao fluxo incessante de redemoinhos de idéias que se sucedem sem nenhum controle aos nossos pensamentos "racionais", deixamos de perceber uma ondulação para ondularmos compassadamente com um ritmo superior e passarmos a formar parte dessa vibração.

É nesse sentido que falamos de unicidade e harmonia.

O sistema som-ondulação não é novo. Para os chineses, toda a natureza se acha sob a influência de um fluxo e refluxo de ondas, e o Universo é concebido como que harmonizado por lentas pulsações de forças fundamentais opostas, porém necessárias (*Ying* e *Yang*). Do mesmo modo, as coisas individuais, os objetos naturais, nós mesmos, possuímos uma forma de onda que se irradia e interage com o mundo todo, acionando e reacionando. Este sistema ondulatório de polaridades é a coluna vertebral de todo o sistema da antiga filosofia chinesa em música, concordando com os conceitos de física ondulatória mais recentes. Para os filósofos naturalistas chineses, cada entidade possui o seu próprio ritmo, e este se acha integrado no contraponto do *Todo* cíclico.

O conceito cíclico também está presente na tradição hindu, com um exemplo claro em sua concepção de períodos alternantes compostos de fases de criação e de destruição, os *Kallpas*. O mantra, o som da nossa voz ao exalar, é a *manifestação microcósmica deste ritmo universal*.

No ano 27 antes da nossa era, no Império Romano, Vitrúvio visualiza a voz como um acontecimento movido por um número infinito de círculos ondulatórios, semelhantes aos produzidos numa superfície de água em repouso e sobre a qual foi atirada uma pedra.

Creio que esta última imagem é a que melhor revela o espírito do mantra, da oração. A água sem agitação, que reflete tudo o que acontece ao seu redor, representa o coração tranqüilo, sereno, imutável, livre de tribulações e ansiedades, gerando uma onda que se irradia de forma a expandir serenidade e "lucidez implacável" – como diria o meu amigo, o filósofo Miguel Grinberg – a outros seres e ao mundo todo.

As ondas – que nada mais são que um fenômeno rítmico em equilíbrio – estão na base da dinâmica vital e psíquica. No Harvard Research Center in Creative Altruism pesquisou-se a respeito das variações de *ondas periódicas lentas* geradas por iogues em estado de meditação, ao entoarem mantras. Através do método de reflexo psicogalvânico e da "plestimografia", observou-se o ritmo e a amplitude das ondas, surgindo curvas de ritmo regular (oposto à pulsação irregular da livre associação de idéias, com ondas rápidas e dessincronizadas), de grande amplitude e de um período ultralentado. Gaston Bachelard já havia declarado que em estados psíquicos superiores as ondulações tornavam-se mais lentas. Por outro lado, para além da amplitude e da freqüência da onda, os cientistas se impressionaram com o aspecto morfológico dessas ondas lentas. Quando a pessoa se acha "ressonando" com um som (ainda que silenciosamente) modifica a costumeira forma de onda "dente-de-serra" ⋀⋀⋀⋀ por uma sinusóide pura ∼∼∼.

Os esquemas são suficientemente claros para interpretar as diferenças sem necessidade de se aprofundar em detalhes formais de composição de uma resultante de onda. Se não podes fazê-lo, experimenta com o movimento de tuas mãos, "seguindo" cada um dos desenhos e te precaverás da diferença. Experimentei com diferentes grupos, de variadas idades, sugerindo-lhes que sonorizassem e dessem movimento a esses dois gráficos de forma espontânea e alternada. ⋀⋀⋀ e ∼∼∼. Não sou um especialista em electroencefalografia e me interessava visualizar a diferença. Em todos os grupos a resposta foi mais ou menos semelhante, associando a sinusóide com movimentos mais serenos, harmônicos, "ondulantes", redondos, ligados, sem cortes ou angulações nas posturas, com os olhares dirigidos habitualmente para o alto, mais distendidos, gerando sons de longa extensão vocal, com o uso de vogais sobre as consoantes, menor intensidade sonora, harmonia grupal percebida a partir da formação de círculos e "corais" com intervalos harmônicos de terceira e quinta.

Como sempre, os fisiólogos cientistas estudam estes períodos lentos de onda, cuidando de encontrar causas lógicas para tais fenômenos.

Dizem que os períodos lentos de onda se relacionam com a resistência elétrica cutânea e com o estado vasomotor. Analisaram a possível mudança de volume na caixa torácica ao emitir um mantra, e as variações periódicas dos centros vasodilatadores sincrônicos com a respiração (Traube-Hering), bulbares, medulares e periféricos, mas o fenômeno é mais complexo e simples ao mesmo tempo.

Outros neurofisiologistas, especialistas no descobrimento de padrões que se sucedem no tempo, estudam o tipo de ondas que uma pessoa emite em estado de *Consciência* não-habitual. Elmer Green propôs a hipótese de que a todo estado de consciência, ou a todo estado psicológico específico, corresponde um estado bioelétrico caracterizado por ritmos eletroencefalográficos que lhe são próprios.

Psiquicamente, podemos estar sofrendo por estarmos escravizados a ritmos ou a períodos de onda dessincronizados, confusos, produzidos por uma falta de estrutura vibratória. Isso determinaria uma impossibilidade de transcender e de aceder a "ritmos espirituais" mais elevados. Pinheiro dos Santos, em seu livro *La Rythmanalyse*, reconhece que os indivíduos se desenvolvem num "criacionismo ondulatório". Quanto mais lenta a atividade da onda, tanto mais rápido viajamos para um centro elevado.

Quando o mantra se aprofunda, torna-se mais lento e cresce em intensidade emocional. E não falo de uma emoção ou sentimento superficial, mas de uma força e-motiva, que promove uma energia de um centro para a periferia, uma motilidade que expressa o ser por inteiro. Para W. G. Gray, autor de *The Rite of Light*, a *emoção é a "alma"*, ou a capacidade de empatia com a existência em geral.

Quando a pedra cai na água de um lago cristalino forma um círculo de ondas que se expandem. Essa é uma força emocional.

Poder sagrado

> Prefiro os cantos e a música dos instrumentos do que um milhão de rituais e orações.
>
> Shiva

Os mantras não são fórmulas mágicas de feiticeiros ou bruxos, com simples capacidade para reconfortarem ou "curar"; devem ser usados com propósitos elevados, sinceros e essenciais. O mantra extrai a sua tremenda força do poder acumulado com as associações sagradas que lhe foram revestidas pelas mentes e pelos corações de incontável número de pessoas ao longo de séculos e séculos. Algo semelhante ocorre com a música em geral.

Todas as escolas e seitas protegem seus segredos ióguicos de qualquer profanação, limitando aos iniciados – até estes conhecerem claramente seus objetivos – os ensinamentos de tais meditações sonoras. Não obstante, alguns mantras foram revelados.

Om Vajrasattva Hum, o mantra da purificação.

Om Arapachana Dhi, o mantra da sabedoria e da aprendizagem.

Om Pushpé Ah Hum Om Dhupe An Hum, mantra de apoio.

Phat (*Pe* em tibetano), mantra para sufocar a ignorância.

A compreensão intelectual desses fenômenos não costuma ajudar em demasia. A experiência deve ser desenvolvida em um nível mais profundo, não dual.

Com a física dos quanta e a mecânica ondulatória, hoje descobrimos uma identidade de natureza entre observador e coisa observada. A nossa consciência já altera a função ondulatória – opina a Microfísica – modificando a nossa apreciação subjetiva das probabilidades do sistema em observação. Os nossos mecanismos energético-mentais são os que verdadeiramente constroem, criam, este universo musical que costumamos explorar como se, na realidade, se tratasse de um fato exterior. *A realidade sonora que percebemos reflete o nosso estado de consciência*, e não somos capazes de explorar a realidade de um som, ou o som da realidade, sem realizarmos simultaneamente uma exploração de nós mesmos, já que somos e criamos esta realidade que exploramos.

O *Om* está tão próximo de nossas vidas como o ar que nos rodeia, ressoando no eterno presente, dando ritmo aos corações e falando à alma que tem ouvidos para ouvir.

Existem infinitas maneiras de ver as coisas.

E de ouvi-las.

Om

Amém

(silêncio)

. . . .

. . . .

. . . .

. . . .

Lara, aquela paciente que certa vez me revelou o segredo dos mantras, ainda continua internada. No ano passado fui visitá-la e ela fingiu não me conhecer. Sorria. Eu a presenteei com um ramo de rosas. É o mínimo que um discípulo pode fazer quando vai visitar seu mestre.

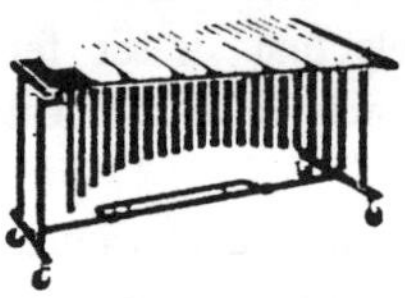

MÚSICA TRANSPESSOAL
Uma Viagem Interior

O termo "transpessoal" delimita uma série de experiências em que se produz uma expansão da Consciência mais além dos terrenos habituais do ego (eu) e das limitações ordinárias do tempo e do espaço. *A música – como expressão e caminho transpessoal – é uma manifestação da Consciência que nos permite aceder a experiências de uma extensão da identidade que vão mais além da personalidade e da individualidade*. A partir deste enfoque, escutar ou gerar certo tipo de sons organizados, movidos das raízes do nosso ser profundo, pode facilitar o crescimento e a tomada de contato com estados diferentes de atenção e lucidez que transcende os níveis reconhecidos.

Além das máscaras

"Uma pessoa é sempre pessoa artificial ou fictícia – *persona ficta*. Nunca é ela mesma, mas é sempre uma *máscara*; uma pessoa nunca 'possui' a sua própria pessoa, mas sempre representa outra. Personalidade é pessoa, como diz o latim, uma máscara ou disfarce. O mundo é um cenário, o eu uma criação teatral." Norman Brown se refere desta forma aos nossos personagens representados no drama da existência vital. Personagens que têm também a sua própria música, uma música que às vezes não respeita os padrões pulsantes do ritmo universal, que se afasta do fluir natural (tao), que não é verdadeiramente ex-pressiva (puxada ou pressionada a partir do nosso centro emocional em uma força de exteriorização) e que não contribui para o nosso desenvolvimento harmônico em todos os planos.

Com isso não pretendo "personalizar" determinado estilo ou corrente musical, pois mais além das categorias ou abstrações, uma música pode transcender os estados habituais e ser um veículo de integração, independentemente da sua forma preestabelecida. Existem sons que "tocam o nosso espírito" em todas as correntes musicais e em todos os níveis de complexidade, desde uma simples pulsação rítmica de um tambor primitivo a uma sinfonia plenamente executada, passando por uma balada de Bob Dylan.

A música provoca certas mudanças e alterações biológico-físicas. Ocasiona uma modificação na pulsação, na respiração e na pressão externa do sangue, retarda a fadiga muscular e aumenta os processos metabólicos, amplia o nosso umbral de sensibilidade e nos facilita o acesso a outras formas de estímulo e de percepção. A tonalidade musical está muito vinculada com o nosso sentido da ação e do controle corporal. Em proporção direta com o tamanho de onda sonora, geram-se associações cinestésicas, ligadas ao volume de ressonância corporal. Por sua vez, o som ordenado em determinada série de informação ou padrão – a música – é um veículo de estados emocionais, que se liberam através do som. Uma obra musical nos comove, e habitualmente é difícil expressar em palavras a emoção vivida. A música mobiliza também associações, remete a conotações culturais, e atua a nível psicológico ou psicodinâmico do nosso organismo, enlaçando ou concatenando recordações, fragmentos de história, "disparando" imagens e cenas encapsuladas em nosso inconsciente.

Num plano somático ou psíquico, a música nos envolve e nos contém. Participando-nos. Incluindo-nos. Completando a sua mensagem e dando forma a seus espaços de ressonância.

Ainda assim, existe um terreno onde a música – uma senda da arte – transpõe mais ainda estes parâmetros, convertendo-se em veículo de transcendência imanente do ser, refletindo o mundo "espiritual" noético e os estados diferenciados de consciência.

Uma senda da arte. Aqui a palavra "arte" não coadjuva o sucedâneo significante de temor ou reverência, um respeito equivocado ao mesmo, como se pertencesse tão-somente a alguns eleitos. O artista cria e revela uma realidade nova, expressando através do seu meio a sensação de unicidade com o mundo todo, de maneira singela e natural. As energias de uma expressão artística musical evocam, provocam, convocam respostas e ressonâncias em nossa singular conformação. A música inter-relaciona com a totalidade que somos, atuando sobre o nosso organismo, a nossa psique e a nossa mente, revelando mistérios nunca revelados da nossa história e da estrutura cósmica, que se interligam através de padrões de relação harmônica imutável. Esclareço que utilizo estas acepções (psique, mente, organismo) em separado apenas para que se compreenda um conceito, mas o homem é uma estrutura completa indivisível carente de polarizações.

Uma experiência grupal

O que se segue é o relato parcial de uma experiência com música num grupo de pessoas que atravessavam um período de formação como terapeutas. Apresento-o neste contexto porque ilustra o tema que vimos abordando. Descreverei a minha intervenção dentro do mesmo ao começar a sessão prolongada, alguns comentários dos participantes e observações teóricas posteriores. Não costumo desenvolver esse tipo de exercícios com os meus grupos de trabalho – de estudo e/ou terapia –, pelo menos da forma e com os objetivos aqui colocados, mas como este era um grupo de terapeutas que se adestrava em técnicas não-verbais para o trabalho com pacientes psicóticos, resolvi iniciar uma exploração de espaços não-habituais de consciência, através do veículo sonoro mobilizador. Na sessão, implementaram-se também outras técnicas de elaboração posteriores ao trabalho com a música; o grupo (dezoito pessoas, oito meses de duração) dedicou quatro encontros mais, de seis horas cada um, reelaborando e metabolizando a experiência. Isso aconteceu há vários anos. Em Buenos Aires. . .

"Antes de começar hoje com a experiência direta com o som, eu gostaria de lhes declarar meu ceticismo com relação a esses trabalhos, e sugiro-lhes que conservem o seu para esta exploração. John Lilly, que hoje está um pouco 'presente' na sessão, já que algumas de suas teses serão aplicadas na avaliação deste dia, declarava que o *ceticismo* e o *humor* são dois elementos indispensáveis na exploração do 'desconhecido'. Conservem-nos. Todos os que aqui estão têm escutado música em diferentes circunstâncias, mas hoje lhes sugiro desapegar-se o quanto possível de seus conhecimentos pessoais. Como? Não 'nomeiem' de imediato o que vão escutando (é lindo, feio, não me agrada, tem ritmo, etc.), pois dessa forma apenas ouvirão os seus pensamentos e apenas escutarão através deles. Observem as imagens que despertam – se isso chegar a suceder –, os sons que evocam, e procurem 'entrar' nas cenas que vierem a contemplar, procurem 'participar'. Se alguém leu Castaneda talvez se lembre de quando Don Juan o instrui na arte do sonhar. É algo parecido. Também pode ocorrer que não apareçam imagens. Registrem-no. Pode ser ainda mais chamativo. *Silenciem a sua mente. Essa é a chave do conhecimento.* Satpren disse que se a capacidade de pensar é um dom notável, a de não-pensar o é ainda mais. A realidade é um sonho compartilhado. Às vezes, quando despertamos, cremos que esse despertar é um novo sonho. Dêem-se tempo. Transitem suavemente a música. Não busquem coisa alguma. Não esperem nada. Permaneçam 'vazios'. Quando há um espaço vazio, este sempre é preenchido. Não se esforcem, isso atenta contra um fluir natural.[1] Agora é moda o 'deixar-se levar' pela corrente, mas o problema está em descobrir qual é a corrente. Sem conceitos claros sequer se pode ver a corrente e, menos ainda, deixar-se arrastar por ela. Inclusive, quando alguém é levado pela corrente, convém tocar de quando em quando a margem ou o fundo da água, para estar plenamente convencido de que simplesmente não está flutuando nas águas de suas crenças estancadas. E, atenção, porque, quando se flui com a corrente, também se encontram pedras ou redemoinhos perigosos que nos podem fazer naufragar. Se se sentirem 'perdidos', sem rumo na água, nadem muito lentamente para onde visualizem ou intuam uma verdade."

"Deitados no assoalho, com os olhos fechados, cuidando de empatizar suavemente a respiração com o ritmo da música, escutaremos

1. Na verdade, meu discurso estava duplamente dirigido – como todo o trabalho do curso – para o exercício desse dia e para o seu futuro rol como terapeutas psiquiátricos.

por um certo período de tempo uma fita que preparei especialmente para hoje. Tratei de armar esta 'colagem' com músicas não demasiado conhecidas por vocês e de características dissimilares: ritual, primitiva, música clássica, um concerto de órgão e algumas partes que eu mesmo compus com teclado e sintetizadores. Em vários momentos, incluir-me-ei nesta gravação, tocando 'ao vivo' alguns instrumentos que trouxe. Boa sorte. . . Estarei aqui para o que for necessário. . ."

"Deitem-se. . . fechem suavemente os olhos. . ."

(Dirijo um rápido "relaxamento" para preparar o corpo e favorecer a ressonância com a música.)

Começa a música. . . . .

. . . .

. . . .

Comentários

– Não sei quanto tempo passou.

– Para mim foi cerca de uma hora, uma hora e meia.

– Não, foram cinco horas ou mais.

– Durante a audição me lembrei de coisas de que nunca voltaria a me lembrar. Algo acontecido quando eu tinha quatro anos: caí da bicicleta; até senti como se me machucasse novamente no mesmo lugar (toco no rosto). Perdia o equilíbrio e caía, caía, como se fosse em câmara lenta, quase revivendo aquele momento.

– Quando surgiram esses sinos. . .

– Eu não ouvi sinos.

– Nem eu.

– Bem, quando ouvi esses sinos, ocorreu-me algo igual a essa sensação de cair. Tentava sair de um canal que me apertava a cabeça e quase não podia respirar: estava escuro e eu fazia força para sair. Até me parece que senti contrações e me lembrei do *parto* do filho. De repente, sentia-me no *vazio*, caindo através de uma luz cegante. Depois disso, que me assustou muito, comecei a ter sensações agradáveis, prazerosas.

– Visitei diferentes lugares. Parecia-me estar *viajando* num tapete mágico por lugares onde nunca tinha estado. Foi muito variado.

– Não tinha imagens desse tipo. Era tudo como manchas, não me lembro. O que me impressionou foi que, com a música, eu tinha a sensação de que *o meu corpo se alargava*, de que "eu" abarcava tudo o que os meus olhos chegavam a ver.

– *Mantive uma batalha* com um dragão ou algo parecido. Estava nas trevas, e de entre as *sombras* surgia um enorme dragão que me atacava; finalmente, consegui vencê-lo. Era como se lutasse pela minha liberdade. Quando ele morreu me senti renovado.

– Eu via *círculos* que giravam como se fossem desenhos orientais de "*mandalas*", sempre de quatro ou oito raios.

– Eu não via nem escutava nada. Senti-me *vazio*. . .

– Ocorreu-me algo muito estranho: foram quantidades de coisas. Senti que me "*elevava*" *e olhava de cima todo o grupo*; cada pessoa era uma luz, de cor diferente; era tudo muito nítido. Também me via a mim (descreve as posições e a ubiquação espacial de cada membro do grupo, bem como alguns pormenores particulares de movimentos realizados).

– *Vi* também o grupo todo. Sentia-o como uma máquina, ou *circuito elétrico*, e cada um de nós era um componente ou peça desse sistema. *Recordei-me também da voz de meu avô*, que morreu quando eu tinha seis anos; dizia-me que cada parte deste conjunto era diferente, mas, no fundo, semelhante aos demais: disse-me que a nossa função era "desenvolver a luz".

– Ah, o meu foi muito mais galáxico (risos, os relatos anteriores tinham produzido um certo clima de tensão, a partir das "revelações" desta aluna e do contato com zonas de percepção e de gesticulação desconhecidas). *Viajava por planetas*, e conhecia os seus habitantes. De início, assustei-me um pouco, mas depois desfrutei-o muito; cada vez que uma música mudava, eu me transportava a outro lugar (e descreve os "seres" que conheceu).

– Eu me sentia *flutuando na água*. Era como se estivesse dentro de uma bolha; a música se "infiltrava" sob a minha pele.

Não desconheço a dificuldade entranhada numa análise profunda dos conteúdos e nas projeções destes relatos, como tampouco a enorme facilidade que possuímos para "associar livremente" ou "fantasiar" quando se escuta uma música. Mas o primeiro fato que, nesse momento, me "descolocou" completamente foi o relato da aluna que descreveu o grupo visto de cima. Ela permanecera de olhos fechados durante as três horas, boquiaberta e muito próxima do lugar em que eu estava sentado. O salão era bastante amplo, e as pessoas se haviam distribuído utilizando todo o espaço possível. Ainda que houvesse aberto os olhos (eu o experimentei depois) não poderia ter visto uma grande extensão do aposento. Todavia, ela descreveu fielmente um momento em que um companheiro localizado na outra extremidade do salão erguia os braços como que tencionando pegar um objeto no ar, bem como o gesto de outra aluna, seu "rosto amassado" (aquela que narrou um percurso através de um canal que lhe apertava a cabeça). Em sessões posteriores corroboramos o fato de que esta pessoa tinha nascido de um parto dificílimo, a fórceps, fato que ela mesmo desconhecia. Tais "coincidências significativas" não foram as únicas.

Algumas aproximações teóricas

A música é um elemento catalisador dos processos mentais, que ativa material inconsciente proveniente de diversos níveis profundos da personalidade e de informações holonômicas que transcendem os nossos sistemas lineares de pensamento. Cada nota, cada ritmo, timbre ou melodia representa uma expressão vibracional que é em si mesma um todo, que contém um armazenamento de informação completo, que participa de um sistema mais global, sendo não só *parte*, porém totalidade em relação indivisível com outras expressões vibratórias: um sistema holográfico interconectado ("acordoado", segundo Chew) com outros contextos holográficos. Toda estrutura holomusical interliga-se com outras redes estruturais e, por sua vez, com uma matriz de holomovimento mestre. Se escutamos atentamente uma canção ou tentamos compreender sua natureza profunda, descobrimos que ela sempre contém um contorno presente de comunicação holográfico. No som da voz do cantor pulsam a terra onde ele nasceu, seus ancestrais, a árvore que emprestou a madeira para se transformar em instrumento, as chuvas que acompanharam o crescimento dessa árvore e outros contextos físicos, sociais, políticos e evolutivos dentro dos quais esses sons se desenvolveram. Se estabelecêssemos "pautas de conexão" (Bateson) dinâmicas e variáveis, provavelmente chegaríamos a determinar a identidade total do planeta, tão-somente através da simbologia de uma célula musical. Singular e Universal.

A partir de observações e pesquisas de Stanislav Grof em experiências transpessoais e processos de integração holonômica, é possível classificar primeiramente quatro tipos ou níveis de experiências multidimensionais que se detonam com certos estímulos sonoros-musicais.

Experiências musicais estéticas ou abstratas

Representam o nível mais superficial das vivências e não revelam ainda estratos do inconsciente. A partir da estimulação sensorial provocada pelo som, costumam aparecer imagens, cores, formas e sensações que não têm significação psicodinâmica. São as mais comuns e habituais. "Ao escutar a música eu via cores plenas, formas que dançavam, etc."

Experiências musicais psicodinâmicas

Estas originam-se no âmbito do inconsciente individual e em aspectos da personalidade acessíveis num estado de consciência habitual. Problemas de índole emocional, recordações, material reprimido de períodos da nossa vida, conflitos ainda sem resolução. Produz-se geralmente uma combinação de fantasia e realidade, e importante material do inconsciente é expressado de maneira simbólica, metafórica ou como tela defensiva. Manifestam-se os conflitos fundamentais, regressões à infância ou traumas psico-sexuais.

Grof sugere introduzir um conceito novo ao pensamento psicanalítico freudiano para uma compreensão mais global destes fenômenos psicodinâmicos: os sistemas *COEX* (sistemas de experiência condensada). Um sistema COEX é uma constelação específica de lembranças que consistem em experiências condensadas – e fantasias em relação com elas – provenientes de diferentes períodos da nossa vida. As recordações pertencentes a certo sistema COEX têm uma temática básica semelhante, ou contêm elementos semelhantes, associando-se a uma elevada carga emocional da mesma qualidade. A música sói despertar um sistema de experiência condensada, com um tema básico fundamental, que se reitera com uma estrutura semelhante em outros sistemas ao longo de diferentes etapas da nossa vida. Grof diferencia entre sistemas COEX negativos (que condensam experiências emocionais desprazerosas) e sistemas positivos (que resumem experiências de índole prazerosa da nossa vida passada). Depois de ter revivido e integrado, através de uma audição sonora – com a sua posterior elaboração –, experiências infantis traumáticas, produzem-se, com freqüência, mudanças de grande magnitude no comportamento, valores e atitudes, sempre que este trabalho esteja orientado e supervisionado por um terapeuta capacitado.

Experiências musicais perinatais

Centralizam-se aqui os problemas do nascimento biológico, da dor e do sofrimento físico, o envelhecimento, a enfermidade e a morte. É comum que com algumas passagens da música se detonem evocações ou se revivam experiências relacionadas com o nascimento ou a morte, inscritas em profundos níveis do inconsciente. Por ser uma linguagem primária, direta e não racional, a música é uma chave que abre matrizes e vivências inconscientes relacionadas com o nosso primeiro encontro com a realidade: o nascimento.

Experiências musicais transpessoais

A característica mais importante destas experiências é constituída pela sensação de expansão da Consciência mais além dos limites habituais do ego e das limitações do tempo e do espaço.

Inspirada por Stan Grof, a relação a seguir nos dará uma idéia da variedade de acontecimentos que se englobam dentro destas vivências transpessoais com música:

1. Extensão vivencial *dentro* do marco da "realidade objetiva".

A) *Expansão temporal* da Consciência.

- Vivências ancestrais.
- Vivências coletivas ou raciais.
- Vivências embrionárias ou fetais.
- Vivências evolutivas filogenéticas.

B) *Expansão espacial* da Consciência.

- Vivência da unidade dual.
- Transcendência do ego nas relações interpessoais.
- Identificação com outras pessoas.
- Identificação com o grupo e com a consciência grupal.
- Identificação com animais e plantas.
- Consciência da matéria inorgânica.
- Unidade com a vida e com toda a criação.
- Consciência planetária.
- Consciência extraplanetária.
- Vivências extracorporais, "viagens", telepatia.

C) *Constrição espacial* da Consciência.

- Consciência dos tecidos, das células, dos órgãos.

2. Extensão vivencial *mais além* do marco da "realidade objetiva".

- Vivências de confrontação com entidades espirituais.
- Vivências de outros universos e encontros com os seus "habitantes".
- Vivências arquetípicas.
- Seqüências mitológicas.
- Vivências de confrontação com deidades.
- Compreensão intuitiva de símbolos universais.
- Ativação dos centros de energia do organismo.
- Consciência da mente universal.
- Vivência do vazio supra e metacósmico.

A maioria dessas vivências são conhecidas há séculos, e das mesmas encontram-se referências descritivas nas escrituras sagradas de todas as nossas religiões. Historiadores, antropólogos, psicólogos, religiosos e psiquiatras observaram a existência de grande variedade de técnicas ou caminhos – antigos e modernos – que podem facilitar a emergência de experiências transpessoais. Sei que podem aparecer como demasiadamente surpreendentes ou estranhas para serem encaixadas dentro das nossas crenças habituais, contudo, em si mesmo, o fenômeno do som e o que ele gera no homem é um fato ainda mais surpreendente do que esta mera tentativa de enquadrá-los. Beethoven ou Mozart também nos falam da expansão da Consciência, embora com uma linguagem diferente, a de uma música universal.

Símbolos de passado e de futuro

Uma parte importante das vivências musicais transpessoais é formada pelas *imagens primordiais, representantes do inconsciente coletivo*, e pelos *arquétipos universais* (C. G. Jung). Pode-se vislumbrar nos comentários citados o aparecimento de um dos mitos mais comuns e freqüentes, o arquétipo do mito do herói. Segundo Jung, as figuras emergentes deste mito têm a incumbência específica de desenvolver a consciência do ego individual de forma a prepará-lo para as árduas tarefas com as quais se defrontará na vida.

O arquétipo, "remanescente arcaico" ou "imagem primordial", é uma tendência a formar representações de um motivo, que pode variar muitíssimo em detalhe sem perder um modelo básico. Habitualmente, no caso dos remanescentes "despertados" (gosto desta palavra, pois estão "dormindo" em nosso interior) pelo som, representam variações dos temas filosóficos da morte, da origem do mundo, da ressurreição ou restauração, da criação do homem e da relatividade dos valores. São inatos ou herdados, pertencentes ao inconsciente coletivo ancestral.

Noutro relato desta experiência (e isso acontece muito comumente, tanto em audições como nos casos em que se improvisa e se explora com sons e/ou com movimentos) surge o símbolo do "Si-mesmo" através do círculo (ou da esfera). Expressa a totalidade da psique em todos os seus aspectos, incluindo a relação entre o homem e a natureza. Um dos comentários, após a audição, refere-se à visualização de uma "mandala" (desenho circular evocador da perfeição e do conhecimento) de quatro ou oito raios. Jung estudou a relação destes símbolos – as mandalas – cuja significação literal é círculo, e em especial "círculo mágico" – com as produções do inconsciente, assinalando que descendem originalmente do "círculo protetor" ou "círculo encantado", cuja magia ainda se conserva intacta em numerosas práticas populares (pude comprovar isso vivendo aqui no Brasil, onde a "magia" é um elemento cotidiano; basta caminhar de manhã bem cedo pela praia para se deparar com as oferendas a Iemanjá, sabiamente dispostas em círculo).

O círculo aparece no primitivo culto solar, nas religiões modernas, em sonhos e mitos, na disposição espontânea habitual dos grupos quando começam a trabalhar em musicoterapia, nos desenhos mandálicos dos monges tibetanos, nos traçados arquitetônicos das cidades, nos jogos infantis de roda, nos movimentos básicos do tai-chi – ying yang – ou nas idéias esféricas da astronomia. Até o ritmo é representado por um movimento de roda circular.

Existe um mito da criação (Índia) que conta que Brama, estando num círculo de lótus gigantesco, de mil pétalas, volve os olhos em quatro direções – os quatro pontos cardeais – e começa a obra da Criação. Conta-se de Buda uma história parecida. Quando ele nasceu, surgiu da terra uma flor de lótus e ele subiu à planta para olhar em oito direções. Segundo Jung, estas quatro direções na mirada representam as funções da consciência (fundamentais para todo terapeuta integral) – *pensar, sentir, intuir, perceber* – que devem ser necessariamente integradas. A *percepção* (ou seja, a percepção sensorial) nos diz que algo existe; o *pensamento* nos assinala o que é; o *sentimento* nos indica se é agradável ou se não o é; a *intuição* nos mostra de onde vem e para onde vai. No caso das oito direções de Buda, existe uma recíproca superposição das quatro funções da consciência, de tal modo que surgem outras quatro intermediárias, como por exemplo o "pensamento matizado pela intuição" ou o "sentimento tendendo à percepção" (Aniela Jaffé).

O círculo abstrato que também costuma figurar na pintura *Zen*, simbolizando a perfeição humana e representando a iluminação, constitui "uma das representações mais claras do paradigma holográfico", segundo afirma Ken Dychtwald. O símbolo da mandala nos transporta não apenas a uma representação individual artística, mas penetra num contexto universal o ser holóide de uma cosmovisão total. Baseando-se na Hipótese Gaia, formulada pelo cientista inglês James Lovelock, que concebe nosso planeta como um sistema auto-regulado e possuidor de uma consciência global (um "cérebro global", diz Peter Russell), cada mandala constitui também uma representação menor da Terra, um holóide simbólico de Gaia. A mandala – assim como toda peça musical – representa tanto um *todo* em si mesmo, como um "armazém de informação de determinado *todo* maior" (Dychtwald). Através de um símbolo, de uma mandala, de uma cadência melódica, de um mantra (uma verdadeira mandala sonora), de um poema, entrando numa relação holográfica com uma cultura, com um paradigma, com uma *gestalt* de vida mais abrangente e totalizadora.

Por volta do ano 1000 d.C. os alquimistas tomaram como um dos seus símbolos centrais a "quadratura do círculo", que outra coisa não é senão a mandala. Comentando uma obra do artista suíço Paul Klee, "Círculos do entendimento", uma simples esfera ou círculo em cima de uma complexa estrutura de escadas e linhas, Jung assinala que o círculo é um símbolo da psique – do mesmo modo como o descrevia Platão – e aparece quando há necessidade de expressar o que o pensamento não pode pensar, ou que só adivinha ou sente.

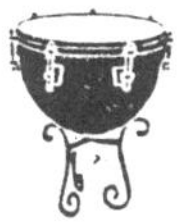

Melodia inconsciente

A música é um sistema catalisador de processos mentais, que ativa o material inconsciente proveniente de diversos níveis da nossa personalidade. Fala-se habitualmente de "o" inconsciente; porém é necessário – à luz das novas correntes holistas – desenvolver uma noção aproximada dos tipos de processos inconscientes, a partir de um ponto de vista evolutivo e dinâmico. O *inconsciente fundamental* compreende todas as estruturas profundas que são herança coletiva da humanidade. Trata-se de estruturas inconscientes mas não reprimidas, pois ainda não entraram na consciência. O *inconsciente arcaico* é um nível relacionado com o anterior, abarcando estruturas mais primitivas e menos evoluídas; não é produto da experiência pessoal nem foi reprimido: é a herança filogenética. O *inconsciente submerso* é aquele que uma vez foi consciente mas que foi afastado depois da consciência: esquecido, reprimido. O *inconsciente incrustado* abarca tudo o que desconsideramos de maneira seletiva, ou o que restringimos forçadamente, não nos limitamos a esquecer: não queremos recordar. O *inconsciente emergente* guarda relação com o inconsciente arcaico, mas enquanto este último é primitivo – inferior – o emergente é transcendente – superior –, não representando o passado da humanidade, mas o seu futuro, a sua realização transpessoal, o sutil superior. Este último nível inconsciente não conta para aqueles que Maslow denominou "dessacralizados", os que negam rotunda e cegamente ver em alguma parte valores transcendentais.

Ressonância em circuito

Não deve ter sido por "acaso" que o nosso grupo contava com dezoito integrantes. Nem tampouco o fato de um dos alunos ter vivenciado a totalidade do grupo como um sistema elétrico.

A ressonância é um conceito que provém da mecânica elétrica. Um circuito oscilante pode distribuir energia a outros circuitos dispostos espacialmente de determinada maneira. Lilly apliea este raciocínio aos grupos humanos. Existem presumivelmente – diz Lilly – energias às quais todos os seres humanos são sensíveis, mas que, ainda, não podemos detectar com os nossos instrumentos de percepção, pelo menos da maneira como os "afinamos" comumente. No nosso corpo, no nosso cérebro, há receptores ajustáveis, e muito sensíveis, de energias que permanecem desconhecidas pela ciência. Em circunstâncias adequadas, podemos ajustar nossos sistemas nervosos para receber essas energias, e também para transmitir as próprias. *Num grupo é possível estabelecer um circuito grupal, e cada integrante poderia então experimentar percepções e transmissões de nova informação, entrando em ressonância com os outros.*

Ampliação da Consciência

Cada um de nós nasce e vive numa determinada cultura, que, a partir de seus sistemas de crenças, seleciona e promove um número reduzido de potencialidades humanas da grande gama que possuímos, enquanto outras são rechaçadas ou ignoradas.

A possibilidade de desenvolver e de recorrer a outras potencialidades latentes em nosso organismo, que soem achar-se fora da norma cultural, permite-nos ingressar em estados alterados da consciência habitual determinada pelo nosso meio. A consciência costuma resistir ao desconhecido e inconsciente, ignorando a mensagem do corpo e seus sons; no entanto, quando amplia os seus umbrais e parâmetros entra no que se denomina um "estado diferente de consciência" (*discrete state of consciousness: d-Soc*, Charles Tart), uma configuração ou pauta dinâmica de estruturas psicológicas que se encontra fora da norma das nossas crenças habituais e pode facilitar o desenvolvimento de potencialidades latentes. Um "estado diferente de consciência alterado" (*discrete altered of consciousness: d-Asc*) refere-se a um estado que difere do "estado básico da consciência" (*baseline state of consciousness: b-Soc*). Um *d-Asc* é um sistema novo com propriedades e características peculiares e próprias, uma *reestruturação*, não uma ampliação simples, como comumente se acredita, o anterior mais uma porção agregada.

Um estado alterado ou diferenciado de consciência é uma modificação na pauta global de funcionamento vital *qualitativa*, e não quantitativa (uma quantidade maior). Quem o vivencia percebe que a sua consciência se encontra radicalmente diferente da forma ordinária de funcionamento.

Um estado de consciência "normal" costuma ser subótimo, limitativo, e constitui uma maneira arbitrária – validada por um consenso – de estruturar a consciência, de tal modo que se perdem algumas potencialidades e se desenvolvem outras.

O veículo musical nos translada para espaços não habituais da consciência. Desafiando o modelo convencional da razão. Abrindo caminho através das nossas rígidas estruturações de defesa. Despertando totalidades. Mergulhando nos estratos mais antigos do inconsciente. Despertando símbolos ancestrais. Sintonizando-nos com energias desconhecidas. Falando sem palavras, com a linguagem do ritmo, da emoção, da harmonia. Afinando a corda essencial do nosso ser com "as paralelas" (C. Castaneda) do Universo. Estendendo uma ponte do sol ao coração.

PARADIGMAS DA NOVA ERA
Transcendendo Crenças em Musicoterapia Holística

Chegará um tempo em que os homens serão capazes de ampliar o seu olhar... e poderão ver os planetas como a nossa própria Terra.
Christopher Wren, 1657

6

Projeção e percepção

O termo *holístico* provém do grego *hólos*, totalidade, e se refere a uma *forma de compreensão da realidade em função de totalidades em processos integrados, cujas propriedades não podem ser reduzidas a unidades de referência menores*. A musicoterapia holística concebe o homem como um organismo, uma unidade em desenvolvimento, algo diferente e muito maior do que a soma de suas partes. Uma visão holística é também uma *visão ecológica* e implica uma *transformação da nossa visão do mundo*, uma visão em nossos pensamentos, percepções e valores, que constitui o que denominamos de substituição ou mudança de paradigmas. Todo ser humano que trabalha no campo da psicoterapia – e mais ainda o musicoterapeuta, cuja formação e preparação na área de inter-relação som-saúde faculta-lhe possuir um alto grau de assimilação para outras séries de mensagens que transcendem o meramente mecânico e racional – deve compreender que não pode continuar tentando explicar, através de conceitos de uma visão do mundo já obsoleta, uma nova realidade que não pode deixar de observar. Como veremos mais adiante, a exploração do mundo atômico e subatômico levada a cabo pela física moderna, nos pôs em contato com uma estranha e desconcertante dimensão do universo físico, que exige irremediavelmente uma reacomodação de todos os nossos sistemas básicos de conceituação científica, da nossa linguagem e do nosso modo de pensar. Isso desembocou em crises de percepções e de valores, que foram gerando pouco a pouco uma nova estrutura conceitual melhor adaptada à perspectiva ecológica do homem e do que o rodeia.

Hoje já sabemos cientificamente – não apenas o intuímos – que *o mundo que habitamos está globalmente interligado, e que os fenômenos psicológicos, biológicos, sociais e ambientais, estão todos interconectados num estado de interdependência mútua.*

Vemos primeiramente que isso implica a formação de um novo paradigma no âmbito da psicologia e da psicoterapia. Numa primeira instância, *um novo paradigma coadjuva uma nova visão da realidade*, pois inclui novas espécies de informação que trazem formas de visão complementares para a realidade como um todo. Um paradigma é um conjunto de teorias, valores, técnicas, modelos e construções compartilhados pelos membros de uma comunidade, onde as suposições referentes à natureza dos mesmos não funcionam como hipóteses, mas como crenças estratificadas. A crença é a insistência no fato de que a verdade é o que uma pessoa quereria ou desejaria que fosse. Disso se deduz que o crente só abrirá a sua mente à verdade sob a condição de que esta encaixe com as suas idéias e seus desejos concebidos com anterioridade. Na verdade, um terapeuta da Nova Era deveria substituir o seu paradigma de crenças por um novo paradigma de fé (A. Watts), pois a fé é um abrir a mente sem reservas à verdade, qualquer que seja ela. Carecendo de concepções prévias, a fé implica "um mergulho no desconhecido". As crenças aferram-se, mas a fé é um deixar-se levar. A fé, neste sentido da palavra, é a virtude essencial de toda disciplina científica que não se engana a si mesma.

O conceito de paradigma e relação essencial com o pensamento científico foi um enlace introduzido no ano de 1962 por Thomas Kuhn. Para este historiador da ciência, um paradigma é um logro intelectual capital que subjaz na ciência normal e atrai a obra de numerosos aderentes em sua atividade científica, guiando o percurso de suas investigações. Supõe-se que *todo paradigma científico deve ser suscetível de modificações, de refutações ou de convalidações;* entretanto, quando esta teoria funciona de maneira eficiente por um certo tempo, converte-se em "norma" que, além de proporcionar um contexto operativo a um campo de fenômenos, restringe-os e programa-os. Convertida num marco referencial implícito para a maioria, transforma-se no modo "natural" de ver e operar, na forma "razoável" de pensar um fenômeno. Deste modo, ninguém pensa em questionar ou rebelar-se contra algo que parece ser "a ordem natural do Universo". Isso funciona como um par de antolhos (Ch. Tart). Assim, por tentarem ir além de determinados limites na forma de ver o Universo, os grandes inovadores do campo científico têm sido, amiúde, considerados excêntricos e apupados no seu tempo.

Vivemos numa época de *conflito de paradigmas*, época em que se propõem paradigmas renovadores diante de outros mais antigos, e em que se apontam novos rumos nas pesquisas.

Se tomarmos como parâmetro a ciência biomédica derivada dos conceitos de Descartes (paradigma cartesiano-newtoniano), veremos que ela se concentrou exclusivamente nas propriedades mecânicas da matéria viva, e deixou de lado — para não transgredir o paradigma prevalecente — a natureza sistêmica do organismo. Foram necessários muitos anos, e uma quantidade não menor de "loucos" em seu tempo (Wilhelm Reich foi um deles), para repensar nosso organismo humano como um sistema em relação com outros sistemas, e não como uma máquina composta de peças e mecanismos. Um novo paradigma deve combinar os dois enfoques num equilíbrio dinâmico, que implique um modelo mais dútil de reflexão e pensamento.

É comum acontecer de um pesquisador ingressar num estado de *fixação paradigmática* em que não admite nenhuma outra teoria a não ser a sua, porque — desprovido de fé — passou a ser um *crente de suas teorias e pensa que somente de uma determinada forma se verificam certos fenômenos*. É aí que o psicoterapeuta pode sofrer uma crise de percepção, uma vez que, atuando como mola estímulo-resposta condicionada, confunde a projeção do seu pensamento com a realidade verdadeira, pois *o mundo que ele acredita ver é na verdade o que pôs nele*. E o mais grave de tudo está no fato de que esse terapeuta costuma ser "o cordato", possuidor de uma superteoria de tão amplo alcance que parece abranger a maioria dos fenômenos. Tal como pensa, assim percebe. Ao modificar a sua forma de pensar, também se modificará a sua percepção do mundo.

Isso se tornou particularmente claro para mim ao trabalhar em equipes interdisciplinares de abordagem terapêutica com pacientes psicóticos gravemente alterados. Se aqueles que participavam de uma comunicação terapêutica não chegavam a se precaver de que estavam utilizando estruturas de raciocínio diferentes mas simplesmente tomavam conta das dificuldades da rede de comunicação, tendiam então a perceber tais dificuldades como originadas na falta de discernimento, de lógica, de inteligência ou de sinceridade dos pacientes. Num sistema fechado de crenças, até alguns pacientes e alguns terapeutas, ilusoriamente, "acreditavam entender-se" sem sequer tomar contato com a sua falta de compreensão e entendimento mútuo. *Só quando um terapeuta se anima a cruzar a barreira de suas teorias e crenças, o encontro com o paciente é real e não projetado*. Quero dizer com isso que um paradigma constitui uma série de idéias que atuam como contenção para determinada exploração científica e, por conseguinte, de forma inevitável, exclui outras espécies valiosíssimas de informação. *Quanto mais amplo for o contexto paradigmático do terapeuta, maior será o número de mensagens permutadas na sessão*. Falando mais claramente, *quanto mais aberto, mais coisas sucederão e serão percebidas*.

"As crenças determinam os nossos interesses, os nossos gostos e as nossas necessidades. A crença orienta e desorienta. Tem um certo grau de cientificidade e um certo grau de ilusoriedade. Tende à simplificação do mundo e, por conseguinte, o empobrece.

Quando o terapeuta trabalha bem, pode passar por cima de suas crenças. Dos seus compartimentos. Avista novas totalidades. Une os elementos de que dispõe. Organiza-os. Distribui. Induz. Provoca. Invoca. Apela. Exige. Inventa. Cria. Interroga a imobilidade. Bate-se com a paralisia. Rastreia. Obtém algo que está intuído, embora não conheça a sua forma definida. Apalpa-o. Sente-o pulsar. É o parteiro de uma nova possibilidade. De uma nova relação.

Arriscando-se ao fracasso, pode transformar. E, ao final da jornada, talvez descanse o seu próprio sofrimento, o seu crescimento, as suas trevas.

"Terá criado algo que já não lhe pertence." (*A Crença, a Criação e o Delírio*, W.R. Grimson, C. Fregtman, 1979.)

Muitas vezes, as limitações de funcionamento de certos grupos de pacientes responde mais a uma limitação constrangedora do coordenador, ajuizada por seu estreito marco de crenças, do que a uma restrição invalidante dos pacientes. Eu gostaria que ouvissem as numerosas fitas de improvisações musicais com pacientes esquizofrênicos que pude recopilar nesses anos, para que compreendam a que me refiro. Ninguém pensaria que esses "canos" (como são chamados os psicóticos crônicos nos hospitais) pudessem tocar tão livremente, com esse nível de criatividade insuspeitada! Não se dará o caso de a palavra "cano" estar melhor empregada se referida ao obsoleto modo de pensar de certas autoridades médicas, que projetam a sua impotência e rigidez em quem assistem como autômatos?

"Em minha experiência – escreve em carta Barry Stevens – as crenças me trazem problemas. São rígidas. Não evoluem com as mudanças que ocorrem constantemente. Não se adaptam. Tampouco adianta mudar de crença, já que nos traria os mesmos problemas. A crença exclui toda nova evidência, embora seja ou não verdade num momento dado. O que, sim, tem sentido para mim é a *tentatividade*, a maneira de andar dos elefantes, que, antes de colocar seu peso sobre o terreno, o provam para ver se os sustentará ou não. Cada passo com cada pé, porque a vez passada não diz nada a respeito desta vez."

Um paradigma, como todo modelo conceitual, pode funcionar prestando utilidade, sempre e quando não se perca de vista a natureza hipotética dos seus conteúdos, pois senão atua como espelho deformante de um parque de diversões: autovalida-se e deforma tudo o que projeta.

Os membros de um grupo ou de uma comunidade que compartilham um paradigma tendem a gerar atração por pessoas de mentalidade semelhante (pergunto-me se a maioria dos meus leitores será também de "excêntricos apupados" como eu), e desaprovam qualquer questionamento das suas *hipóteses básicas comuns.* Estas hipóteses *funcionam como uma delgada rede que estabelece o tipo de informação que acederá à consciência e qual permanecerá inconsciente*, constituindo um modelo pelo qual se quer compreender outros modelos, mas carecendo de flexibilidade metodológica como para adaptar-se e revisar a lente de visão em forma permanente.

> *"Para ser um terapeuta, é preciso ter a capacidade de estar tão 'louco' como o louco que cuida de curar."*
>
> Alan Watts

A máquina newtoniana

Os paradigmas vetores da psicologia ocidental dominante nos últimos trinta anos não se basearam na pesquisa do bem-estar psicológico e, por hipótese, excluíram a exploração dos estados superiores de Consciência, construindo teorias que tencionavam definir quadros psicopatológicos. Deste modo, criamos especialistas em enfermidades que proclamaram ser agentes de saúde e expansão. Um novo paradigma deve conter também um balanço adequado da natureza humana e da sua potencialidade, para brindar um contexto mais amplo e com as menores limitações possíveis. Isso levará necessariamente o investigador ocidental a entrar em contacto com crenças relacionadas a outras culturas referentes à natureza da realidade e da consciência. *O homem ocidental* (cultura classicamente "européia") *sustentou que o constituinte primordial da realidade que observava era a matéria.* Assim sendo, ele observa a Consciência como um subproduto de atividades materiais.

Em outras culturas, o ponto de vista é diametralmente oposto, pois considera-se a matéria o produto de uma Consciência original.

Com base neste "paradigma material", *temos estudado o mundo a partir de uma postura atomista-reducionista*. A matéria foi decomposta em partes constitutivas, imaginando que elas existiam como entidades isoladas e separadas. Na atualidade, *a física quântica nos revela uma realidade inter-relacionada e indivisível, que não admite dissecções atomistas*.

Confirmou-se que não somente cada fragmento do Universo se acha em sincrônica interdependência com os demais, como também que *todo o Universo está contido em todas e em cada uma das suas partes constitutivas*. Neste sentido, os objetos passam a ser acontecimentos e não coisas ou substâncias.

As coisas derivam o seu ser e a sua natureza da dependência mútua e não são nada em si mesmas.

Nagarjuna

O mundo aparece como um complicado tecido de acontecimentos, no qual as relações de diferentes espécies se alternam, ou se transladam ou combinam, e deste modo determinam a textura do todo.

W. Heisenberg

A harmonia das esferas

Todo terapeuta que queira desenvolver o seu trabalho a partir de um paradigma de sistemas científicos "suaves" e orgânicos deve conhecer as raízes do pensamento que desenvolveu a ciência mecânica newtoniana, pois de outro modo – e apesar de suas boas intenções – continuará percebendo a realidade e elaborando conceituações sob o prisma necessariamente reducionista que dominou os últimos trezentos anos da civilização ocidental.

As pessoas se opõem às coisas porque as ignoram.
El-Ghazali

Antes do século XVI, a noção do mundo era viva, espiritual e orgânica. Existia uma forte interdependência dos fenômenos espirituais e materiais, assim como das necessidades do indivíduo e da sua comunidade. Toda essa visão assentava-se sobre duas grandes figuras: a *Igreja* e *Aristóteles*. Durante a Idade Média, São Tomás de Aquino desenvolve um abrangente sistema que combina a perspectiva aristotélica com a Teologia, baseado na razão e na fé, enquanto busca a compreensão das coisas e não o seu controle. Entretanto, com o advento de Copérnico, Newton e Galileu, mudanças incríveis transformaram esse universo orgânico e espiritual num aparelho maquinal.

Sob o gênio de Descartes e de seu método de raciocínio analítico, juntamente com a descrição matemática da natureza, propiciada por Francis Bacon, inicia-se a *Revolução Científica*. A Terra deixa de ser o centro do Universo; Copérnico e Kepler descobrem a "harmonia das esferas", e nasce o pai da ciência moderna: Galileu Galilei. Este introduz a linguagem da matemática na experimentação científica da natureza. Neste momento começa-se a rechaçar do domínio do pensamento "científico" a experiência, os sentimentos, os motivos e os fatores subjetivos.

O espírito "baconiano" de procedimento indutivo transformou radicalmente o objetivo de toda investigação científica. *Antigamente, a sabedoria era o objetivo da ciência, assim como a vida em harmonia com a natureza numa corrente integrativa*. No século XVII, a integração transforma-se em auto-afirmação egocêntrica, e o objetivo do cientista é dominar, controlar e submeter a natureza.

Num tempo que coincide com o início da "caça às bruxas", Bacon declara que a natureza deve ser reduzida à obediência do homem, revelando de qualquer modo os seus segredos. Ao mesmo tempo, René Descartes proclama que toda ciência é conhecimento certo e evidente, e aí se origina um grave erro epistemológico que só será questionado e modificado em nosso século, demonstrando que, *em ciência, nunca existe uma verdade absoluta, e que todos os corpos teóricos conceituais são necessariamente aproximativos*.

Vamos admitir que o método de Descartes influenciou o desenvolvimento do nosso aparelho científico e que, em muitos aspectos, foi útil e positivo. A dificuldade está na instauração desse método como o único caminho válido para se chegar ao conhecimento, sem reconhecer suas limitações inerentes. Descartes – para quem a ciência era sinônimo de matemática – descobriu a geometria analítica. Em seu *Discurso do Método*, sua proposta original não é filosófica, mas introdutória à ciência, como o demonstra em sua famosa frase "penso, logo existo", deduzindo que a essência da natureza humana reside no pensamento analítico. Uma e outra vez, decompõe pensamentos em suas partes componentes e os dispõe numa ordem analítica racional.

Esta grande contribuição pôs uma ênfase excessiva na fragmentação reducionista, sob a crença de que todos os aspectos de uma rede fenomenológica complexa podiam ser reduzidos em partes constitutivas. Ele afirma que nada do conceito "corpo" pertence à mente, e nada da representação "mente" pertence ao domínio corporal. E aí enraíza o maior efeito dualista do pensamento cartesiano, que genericamente pode ser considerado o "pensamento do Ocidente". No campo da psicoterapia, isso redundou numa concepção de ego "dentro" do nosso envoltório de pele, que hierarquizou o trabalho mental ao manual-corporal, que perdeu os contornos da dimensão psicológica da enfermidade e impediu os terapeutas de trabalharem também com "o corpo", com a totalidade de seus pacientes. (Para não dar lugar a dúvidas, quero esclarecer aqui que hierarquizar o trabalho "corporal" em psicoterapia também implica colocar em jogo o mesmo dualismo cartesiano.) Essa divisão penetrou profundamente em nossas formas de crescimento e desenvolvimento.

Mente e matéria em constante estado de cisão não concebiam uma matéria pensante, com vida e espiritualidade. *A matéria funcionava de acordo com leis mecânicas, e esse foi o paradigma dominante em três séculos, incluindo a síntese newtoniana.*

Descartes proclamou, juntamente com Bacon, o domínio do sistema mecânico natureza por parte do homem. "O método científico nos converterá em senhores dominantes da natureza." Esta concepção acaba por relacionar o corpo humano com o funcionamento de *relógios bonecos autômatos*. "Não reconheço diferença entre as máquinas que fabrico e os corpos que a natureza cria. Um homem enfermo é como um relógio mal-fabricado."

Dentro do âmbito da medicina, este modelo cartesiano, que ainda impera, impede que os médicos compreendam as maiores enfermidades da nossa era.

Em sua obra *Nêmesis médica*, Ivan Illich demonstra que a gigantesca aparelhagem médica mecanicista construída durante decênios (invasão farmacêutica, rede hospitalar pública e privada, poder médico despótico, etc.) termina atuando contra a própria vida. O processo massivo de "medicalização" converte a nossa sociedade, literalmente, numa sociedade mórbida, que trabalha, produz, goza e sofre, sob o fascínio supremo da enfermidade e da morte. O homem inteiro é afetado em sua *pulsação vital* (W. Reich), fragmentado e modelado em sua carne, em seus órgãos, em seu quimismo e na vivência que tem de seu corpo, do prazer e da relação.

Isaac Newton cria o cálculo diferencial, que constitui um valioso avanço no pensamento, porém. . . o universo newtoniano é um enorme, gigantesco sistema mecânico que funciona de acordo com leis matemáticas exatas. Combinando o método empírico de Bacon, com o racional dedutivo de Descartes, no marco tridimensional da geometria euclidiana básica, Newton pensava que a matéria era homogênea e que seu modelo era atomístico, atribuindo a criação do mundo material a *Deus*. Em sua *Mecânica*, todos os fenômenos físicos se reduzem ao movimento de partículas materiais, que, ou se atraem mutuamente, ou atuam sob a lei da gravidade.

A gigantesca maquinaria cósmica era totalmente causal e determinada, enquanto o efeito futuro de uma parte podia ser previsto com exatidão e certeza relativas, em se conhecendo todos os detalhes que haviam acontecido. E algo muito importante: acreditava-se que este sistema mecânico chamado mundo era suscetível de descrição objetiva sem menção alguma do observador humano, convertendo-o no ideal máximo de tudo aquilo que se considerasse ciência "objetiva".

Na saga da teoria mecânica newtoniana, John Dalton desenvolveu a sua hipótese atômica da química. Fenômenos de comportamento de sólidos, líquidos e gases, incluindo aspectos relacionados com o som – que influenciaram decisivamente a musicoterapia tradicional – foram explicados em termos de movimento de partículas materiais elementares. A física se converteu na base de todas as ciências, introduzindo-se em âmbitos relacionados com a psicologia, a astronomia, a biologia e a medicina. Gerou-se uma "abordagem racional" da problemática do homem e, no século XVIII, a partir da figura do filósofo John Locke – *Iluminismo* –, descreve-se o funcionamento da sociedade desde seu componente básico: o ser humano.

Assim como os físicos reduziam as respostas de seus átomos a comportamentos inalteráveis e precisos, Locke – junto com Thomas Hobbes – propõe a *percepção sensorial como plataforma de todo conhecimento* (*concepção que depois influiria decisivamente no pensamento psicanalítico*).

Talvez, uma das primeiras fendas da concepção newtoniana, surge em investigações relacionadas com os fenômenos magnéticos e elétricos, no século XIX, nos quais se reconhece uma nova modalidade de energia não considerada pelo modelo mecânico. Faraday – e mais tarde C. Maxwell – substituiu o conceito de força pelo campo de força, e demonstrou pela primeira vez que os campos eletrodinâmicos eram suscetíveis de estudo sem referência aos corpos materiais, apesar de continuar explicando os seus resultados em termos mecânicos.

Uma nova direção surgida na área geológica começa a suplantar a imagem maquinal newtoniana, pois encerra o conceito de evolução, crescimento e desenvolvimento, ao compreender que o estado atual do nosso planeta é o resultado de transformações e mutações contínuas, devido à ação de forças naturais durante períodos de tempo muito prolongados. Começa-se a questionar a teoria evolutiva judeu-cristã (Deus, anjos, seres humanos, animais) e, na biologia, desenvolve-se a teoria da evolução das espécies. Lamarck revoluciona o seu tempo com a teoria coerente da evolução humana, desde formas mais primitivas a séries mais complexas. Darwin dá outro passo valioso ao abandonar a visão cartesiana segundo a qual o mundo é uma gigantesca máquina construída por vontade do "criador". Mais tarde, surge uma das maiores contribuições à ciência do século XIX com Rudolph Clausius e seu conceito de *entropia*, combinando os conceitos de energia e evolução ou transformação – *tropos* –, esclarecidos por Boltzmann mediante a introdução do conceito de probabilidade.

Com Albert Einstein, a teoria da relatividade e a formulação da física dos *quanta*, todos os conceitos mecanicistas são abolidos, superados por uma visão de maior amplitude. A noção de tempo e de espaço como fatores absolutos, as partículas sólidas elementares, o conceito de substância material tradicional, a natureza estritamente impregnada de causalidade nos fenômenos físicos e a descrição "objetiva" da natureza passam a ser aspectos de um paradigma caduco que não pode ser estendido aos domínios de uma nova ciência ecológica essencialmente dinâmica e unicista, como se propõe a crescente psicoterapia holística.

Diz Stanislav Grof que a probabilidade de a inteligência ter surgido do limo do oceano primordial e alcançado o seu estado atual, tão-somente por processos mecânicos aleatórios, foi comparada há pouco com a probabilidade de um tornado soprar sobre um gigantesco depósito de sucata e, por acaso, montar um Jumbo 747.

Todos os terapeutas flexíveis sabem que a verdade é ainda mais estranha do que a ficção e que só transcendendo os nossos próprios limites podemos questionar e revisar as nossas séries de idéias para o encontro com uma realidade verdadeira.

Salvo se ainda pensarmos que nós mesmos somos "cordatas" máquinas autômatas de relojoaria. . .

Tic Tac Tic Tac Tic Tac Tic Tac Tic Tac Tic Tac Tic Tac Tic Tac Tic Tac

Prefiro ainda o ritmo irregular da "loucura".

Diálogos imaginários com Albert

Um músico e físico de longos e desarranjados cabelos brancos recebe o Prêmio Nobel de Física em 1921, e com a sua teoria do Universo transtorna todas as concepções prévias sobre a gravitação, o cosmo, a geometria, enfim, toda a ciência moderna.

Albert Einstein introduz duas tendências que revolucionam o pensamento científico imperante: a teoria da relatividade, na qual expõe a continuidade tridimensional espaço-tempo e a sua nova forma de observar a radiação eletromagnética, que vinte anos mais tarde geraria a teoria quântica dos fenômenos atômicos.

Antes de adentrarmos no desenvolvimento da nova física, que constitui um pilar fundamental na abordagem sistêmica das psicoterapias da Nova Era, gostaria que conhecessem alguns pensamentos e reflexões desse fascinante ser humano, que em todo o seu trabalho sempre respeitou a unidade e a harmonia com a natureza.

Leitor/a. Ajuda-me com tua imaginação. . . Bélgica. 1933. Einstein acaba de executar uma peça em seu violino. O cenário é o seu gabinete de trabalho. Farei as perguntas em teu nome. (Deixarei um espaço em branco para que o escrevas; isso te ajudará a "entrar" em cena.) Albert (assim o chamamos nós que nos sentimos intimamente ligados ao seu trabalho) responderá. . .

. . . — Qual é o sentido da nossa vida?

Albert — Ter resposta para essa pergunta significa ser religioso. Esta pergunta não tem sentido, pois quem sente a própria vida e a dos outros como coisa sem sentido é um infeliz, e mais: quase não merece viver. O valor de um homem é determinado segundo uma única norma, que representa em que grau e com que objetivo ele se libertou do seu eu. Penso mil vezes por dia que minha vida exterior e interior baseia-se no trabalho de outros homens, vivos ou mortos. Sinto que devo esforçar-me para dar na mesma medida que recebi e continuo a receber. Vejo a vida com humor.

. . . — Quais foram os ideais que iluminaram e cumularam a sua vida?

Albert — Digamos, a bondade, a beleza e a verdade. A vida me pareceria vazia sem a sensação de participar das opiniões de muitos, sem me centrar em objetivos inalcançáveis, quer na arte, quer na investigação científica. Não creio em absoluto na liberdade do homem, num sentido filosófico. Agimos sob pressões externas e necessidades internas. A frase de Schopenhauer que diz que o homem pode fazer o que quer, mas não pode querer o que quer, me bastou na juventude. Serviu-me de consolo, tanto ao ver como ao sofrer as durezas da vida, e tem sido uma fonte inesgotável de tolerância. Ajudou-me a não me tomar demasiado a sério, nem a mim nem aos demais. A melhor maneira de servir aos homens consiste em dar-lhes ocupações e espaços de desenvolvimento dignos, e de tal modo dignificá-los indiretamente. Isso é válido para os artistas e para os pesquisadores (creio que todo psicoterapeuta deve ter um pouco de ambos). É verdade que os resultados científicos não dignificam nem enriquecem os homens, mas certamente o faz o trabalho intelectual, tanto produtivo quanto receptivo, que é o esforço por compreender.

. . . — Existe religiosidade na investigação, no sentido de re-ligar, unificar um conhecimento que nos transcende?

Albert — Dificilmente pode-se encontrar um espírito de investigação científica carente de uma religiosidade própria, ainda que esta se diferencie da do homem ingênuo. Minha religiosidade baseia-se no assombro ante a harmonia das leis da natureza, da qual se manifesta uma diretriz consciente tal que, em contraposição com ela, todo pensamento humano se converte em brilho insignificante.

. . . — Como deveria educar-se – formar-se – um bom terapeuta?

Albert — Não basta ensinar aos homens uma especialidade. Com isso eles se convertem em algo assim como máquinas utilizáveis, mas não em indivíduos válidos e criadores. Não há melhor educação do que o exemplo. Para ser um indivíduo válido, o homem tem de sentir intensamente aquilo a que pode aspirar, pois do contrário se parece mais com um cão amestrado do que com um ente harmonicamente desenvolvido. Deve aprender a compreender as motivações, as ilusões e as penas, para adquirir uma atitude reta a respeito dos indivíduos e da sociedade. Dar importância excessiva e prematura ao sistema de especialização, em benefício da utilidade, afasta o espírito da vida cultural. Para que exista uma educação válida é necessário que se desenvolva um pensamento crítico e independente. O mais importante é encontrar os princípios que sirvam de base às deduções, e para esta tarefa é preciso lembrar que não existe nenhum método sistematicamente aplicado que possa ser aprendido e que nos conduza à meta. O investigador deve fazer com que esses princípios sejam um fiel reflexo da natureza. Uma vez realizada esta formulação, começa o desenvolvimento das conseqüências, que revelam amiúde relações insuspeitadas, e que vão muito além dos fatos a partir dos quais os princípios foram formulados. *Não considero cientista aquele que usa instrumentos e métodos científicos de maneira direta ou indireta, pelo fato de ter aprendido a usá-los. Só me refiro àqueles que buscam a verdade e o conhecimento.*

Física sistêmica

Um musicoterapeuta chegou às portas do céu e chamou.

Do outro lado, a voz de Deus lhe perguntou: "Quem está aí?", e o terapeuta respondeu: "Sou eu." A voz replicou categórica: "Nesta casa não há lugar para ti e para mim." O musicoterapeuta foi-se embora e passou muitos anos meditando sobre esta resposta de Deus. Retornou ao céu pela segunda vez, a voz lhe fez a mesma pergunta e o terapeuta, novamente, respondeu: "Sou eu." A porta permaneceu fechada. Ao cabo de alguns anos, depois de ter dedicado todo esse tempo a pesquisar a relação do som com todo o Universo, tornou pela terceira vez. Quando chamou à porta, a voz lhe perguntou de novo: "Quem está aí?", e o terapeuta gritou: "És tu mesmo." A porta se abriu.

As investigações relativas à estrutura do mundo atômico levaram o pensamento científico ocidental a um insondável paradoxo, pois a sua linguagem e o seu sistema de pensamento eram inadequados para descrever a magnitude desses fenômenos. Nessa época de mutação de paradigmas, a única forma de evitar contradições era "desenvolver perguntas certas" (F. Capra). Uma série de cientistas da era moderna, como Heisenberg, Einstein, Bohr, De Broglie, Planck, Pauli, Dirac ou Schröedinger, foram gestando a teoria quântica, com as suas drásticas modificações dos aparentemente estáveis – até esse momento – conceitos de tempo, espaço, matéria, causa e efeito. Até Einstein declara diante das esmagadoras descobertas, que a sua sensação é a de *não ter o chão debaixo de seus pés. Não existiam bases sólidas sobre as quais manter-se*.

Bateson, na Segunda Conferência sobre Saúde Mental, no Hawaí, em 1969, assinala que *muitas de nossas proposições resultam falsas, apesar de todos as compartilharmos e aprovarmos*. Não é fácil detectar o erro, pois habitualmente as premissas errôneas funcionam bem. Mas, até certo ponto, dão bons resultados, pois ocorre que, em certo momento, sob determinadas circunstâncias – como aconteceu com tantos psicoterapeutas nos últimos anos –, se esses erros epistemológicos se prolongam, descobrimos que as suposições, que antes funcionavam, hoje não funcionam mais. Bateson alerta os psiquiatras a respeito da qualidade "pegajosa" do erro, pois, é como se tocássemos mel: é difícil livrar-se dele. Ele se espalha. E o que quer que usemos a fim de o despegar também se torna pegajoso. Uma pessoa pode continuar vivendo e trabalhando "tranqüilamente", apesar de, em níveis profundos de consciência, embalar um paradigma de premissas falsas.

A partir da física moderna, geram-se implicações filosóficas que propõem uma visão de mundo orgânica e ecológica, em contraste acentuado com a concepção egocêntrica mecanicista, revelando *um universo como um todo indivisível em processo cósmico*, e não como uma máquina conformada por uma infinidade de objetos analisáveis.

Karl Pribram sugere que, se o psicólogo está interessado na natureza das condições produzidas pelo mundo das aparências, terá necessariamente de prestar atenção às perguntas do físico. Por outro lado, se um físico quer entender as observações que espera sistematizar, tem de aprender também sobre os processos psicológicos de observação. Pareceria que, daqui em diante, nenhum dos dois pode resolver questões essenciais por si só.

Vejamos agora quais são as principais propostas da nova física.

Em primeiro lugar, em vez de considerar os átomos como partículas sólidas e duras, sabe-se agora que eles consistem fundamentalmente em naturezas dinâmicas tetradimensionais que constituem entidades singularmente abstratas e de característica dual. Dependendo da maneira e do método de observação, podem-se apresentar às vezes como partículas, às vezes como ondas, sem possuírem propriedades intrínsecas, independentes do meio ambiente. Heisenberg desenvolve o princípio de não-certeza que, transpolado para o campo das interações humanas, nos servirá de grande ajuda. Quanto mais focalizamos e enfatizamos determinado aspecto da nossa descrição, tanto mais o outro (ou outros) se tornarão incertos, e a relação entre os dois estará assinada pelo princípio da não-certeza.

Para compreender melhor este princípio de pares de conceitos, Bohr introduz a sua noção de complementaridade, no qual podem existir duas descrições de uma mesma realidade (como no caso de partícula e de onda), que são parcialmente corretas e limitadas para a sua aplicação, porém intrinsecamente complementares. Ambas são necessárias e indivisíveis, como a vida e a morte, a luz e a escuridão.

Em concordância com o antigo pensamento oriental, a realidade não pode ser dividida numa sucessão de trechos separados, já que constitui uma configuração em que todas as partes representam uma função de conjunto.

Questionando o modelo cartesiano, associa-se a matéria com energia em atividade e processo, a qual possui um aspecto especial – que a apresenta como se tivesse certa massa – e um aspecto temporal, em que se visualiza uma onda em processo. Assim, e recordando o princípio de não-certeza, a matéria não existe, porém mostra "tendências a ocorrer". Estas tendências são probabilidades de interconexões e não probabilidades de coisas (Stapp). *Não podemos decompor ou fragmentar o mundo em unidades mínimas de existência independente, já que as propriedades de um sistema só são definíveis e observáveis a partir da integração com outros sistemas*. Daí que, para poder compreender alguns aspectos do sistema saúde-enfermidade devemos penetrar no conhecimento de outros sistemas – humanos e não-humanos – e nas suas interações particulares interdependentes e recíprocas.

Ser criador implica ter capacidade para receber o novo. A limitação nos elementos de jogo e de ação implica uma necessidade de libertar-se das limitações da mente.

Um pensamento criador não conhece limites. Constantemente transpõe paradigmas.

Insight *quântico*

Não existem objetos sólidos! No nível subatômico, todos os objetos materiais se dissolvem em padrões ondulatórios de probabilidades. E não de probabilidades de coisas, mas de interconexões. A partícula de observação isolada é uma abstração, pois as suas propriedades só são observáveis e definíveis em relação com outros sistemas.

Assim como as partículas subatômicas não são "coisas" mas interconexões entre coisas, nossos pacientes – alunos, clientes, discípulos, iniciados, ou o que quer que os chamemos – não são entes isolados, mas *sistemas que se inter-relacionam com outros sistemas; esses outros sistemas também são inter-relações com outros sistemas, e assim sucessivamente*. Como na teoria quântica, que nunca trabalha com uma coisa, *nós não trabalhamos nunca com paciente, mas com inter-relações de sistemas num complicado tecido de conexões*. Não se pode analisar cientificamente um paciente isolado, pois, mais do que um conjunto de sintomas mecânicos, é um conjunto de relações que se estendem a outros sistemas (humanos e não-humanos). *Todas as coisas devem ser definidas em constelação e em relação com outras, e não pelo que são – ou cremos que seja – em si mesmas.*

Na teoria quântica verificou-se eventos individuais que ocorrem espontaneamente, sem apresentar sempre uma clara causa definida. Quebrando a lente determinista anterior, apenas poderemos predizer probabilidades de fenômenos, mas não exatamente quando e como vão acontecer. Isso não implica um funcionamento "ad libitum", arbitrário, mas que a estreita noção causa-efeito não nos satisfaz, pois *o comportamento de uma coisa está sujeita a conexões com o todo, de índoles tão abrangentes que é impossível precisá-las*. O conceito a adotar deve ser mais dinâmico, pois *o todo é determinante do comportamento das partes*, enquanto as partes nunca determinam o comportamento do todo (não como supunha o pensamento psiquiátrico clássico).

Agora, se um comportamento está determinado pelo todo – a consciência humana – a presença do observador atuará como fator necessário, não apenas para "observar" mas inclusive para definir um comportamento, invalidando o clássico ideal de observador objetivo da natureza.

> *A ciência natural não se limita a descrever e explicar a natureza: é parte da ação recíproca entre a natureza e nós.*
>
> Heisenberg, 1963

E ainda encontramos tantos terapeutas que cuidam de não "envolver-se" com o paciente em sua totalidade, de ser objetivos! Jamais poderemos falar de um paciente sem falar ao mesmo tempo de nós mesmos, pois estamos comprometidos com o mundo que observamos.

Lembro-me da minha consternação quando um dos meus primeiros "controles" ou supervisores, vários anos atrás, assim que ouviu o meu prolixo e objetivo relato psicodinâmico da patologia "de um paciente" que eu estava tratando, me disse: "E a você, o que acontece com tudo isso?"

Em física, sabe-se que a decisão do método de observação de uma partícula – de um fóton, por exemplo – determinará, em certa medida, as propriedades desse fóton. *O fóton não tem propriedades ou comportamentos independentes dos pensamentos e dos valores de uma estrutura mental.* Como disse o Buda, *somos o que pensamos. Tudo o que somos surge dos nossos pensamentos. Com os nossos pensamentos fazemos o mundo.* Por isso, a partir de agora, *quando nos referirmos a processos de psicoterapia substituiremos o termo observações pelo termo participações.*

> *Há movimento, mas não existem, em última instância, objetos que se movem. Há atividade, mas não existem atores. Não há bailarinos. Somente uma dança.*
>
> F. Capra

Desandando e desatando

"Na região da mente, o que uma pessoa acredita ser verdade é verdade, ou se torna verdade dentro de certos limites que é preciso descobrir pela experiência. Esses limites são crenças que é necessário transcender."

A realidade não é necessariamente o que acreditamos que é.

Neste ponto, propor-nos-emos um questionamento de certas pressuposições que condicionam o nosso conhecimento e que constituem elementos errôneos que alicerçam as nossas proposições. Como todos os temas colocados neste livro, constitui um exercício de flexibilidade sobre verdades simples e necessárias mas que, às vezes, nos resultam insolitamente estranhas neste contexto. Em apoio a estudos de antropologia realizados por Gregory Bateson, tudo isso é – ou deveria ser – bem conhecido por todo psicoterapeuta, pois ele demonstrou que, pelo menos os estudantes já estão em condições de conhecer essas pressuposições básicas, que são verdadeiras *ferramentas do pensamento*. Esses enunciados talvez revelem premissas contraditórias que carregamos em nosso paradigma pessoal. Talvez não. Um texto de John Lilly, *Crenças ilimitadas*, nos servirá como tecido conjuntivo entre uma suposição e outra. Estas palavras iluminaram-me em diversos momentos. Lembro-me de que até lhes escrevi uma melodia a fim de recordá-las. E cantava-as em momentos de necessidade, quase como um mantra. A música? Era muito parecida com uma canção de Pink Floyd, *The Wall*, e agora que penso nisso, o sentido também:

> *Oye tú! Allí afuera en el frío. . .*
> *no me ayudes a enterrar la luz. . .*
> *no me digas que no hay esperanza. . .*[1]

Vejamos algumas pressuposições, que certamente têm ampla relação com os temas que vimos tratando neste capítulo, mas antes recordemos o que escreveu Gurdjieff:

> Leiam três vezes.
>
> A primeira vez pelo menos como vocês estão mecanizados a ler todos os livros e jornais.
>
> A segunda vez, como se vocês lessem para um ouvinte estranho.
>
> E a terceira vez, tratando de penetrar a própria essência do que está escrito.

1. "Ouve tu! Ali fora no frio. . .
Não os ajudes a enterrar a luz. . .
Não me digas que não há esperança. . ."

A primeira premissa assinalada por Bateson[1] como ponto de partida necessário para todo investigador é aquela que demonstra que *a ciência nunca prova coisa alguma*. Pode melhorar as hipóteses, e outras vezes refutá-las, não porém prová-las. *A ciência explora, indaga, mas não prova*. Os cientistas estiveram influenciados durante anos pela *regra da economia* enunciada por William de Occam; ele disse que na análise de um problema se devem eliminar todos os constituintes desnecessários. Por isso, chamou-se a este axioma a *navalha de Occam*, pois cortava todos os problemas. *Preferindo as pressuposições mais simples que se ajustem aos fatos, construiremos predições científicas sobre a base da simplicidade*. Tomemos este exemplo: na série trompete, guitarra, piano, trompete, guitarra, piano, trompete, guitarra, piano, trompete. . . Se sugiro que diga o instrumento seguinte certamente pensará guitarra, mas pode ser violino. A repetição condiciona a sua resposta, supondo que você pode predizer, mas o único fundamento possível da sua escolha é a preferência pela resposta mais simples, pensando que essa seqüência era ordenada e incompleta. Porém, na realidade, *existe um número infinito de alternativas não simplificadas*. As mudanças não podem ser preditas com exatidão e certeza, pois ainda não ocorreram. *Se a predição não pode ser válida, a ciência jamais pode provar uma generalização, nem verificar um só enunciado descritivo. A ciência ainda depende de umbrais perceptivos*, e no fim de contas é um método de percepção limitado por sua capacidade de recoletar signos exteriores e visíveis da verdade. Mas a verdade não é acessível, pois uma vez que implica uma correspondência precisa entre a nossa descrição e o descrito, ou entre as nossas abstrações e deduções e alguma compreensão total do mundo exterior, nunca teremos um conhecimento definitivo de nada. Por suposição, num terreno abstrato poderemos dizer que, se se derem determinadas hipóteses e postulados, então esta ou aquela coisa será o resultado. Mas a vida real está longe de ser uma simples abstração. Existem hipóteses e teorias científicas muito úteis, mas que apenas nos permitem o seu questionamento se as empregarmos racio-

1. Conta Fritjof Capra que quando redigia seu segundo livro, Bateson desempenhou um papel importante. "Era um dos que tinham o ponto de vista mais amplo." Quando chegava a um problema que não lograva associar com nenhuma disciplina particular e realmente se afastava de suas perspectivas possíveis, fazia a anotação: "Perguntar a Bateson."

nalmente e não por reflexo condicionado. Um exemplo da regra de economia é a *atitude sacramental* de certos terapeutas por uma linha teórica determinada (fixação paradigmática) por temor de perder um contexto referencial operativo conhecido e, por conseguinte, continente. Em meu caso pessoal, como tantos psicoterapeutas argentinos, o início da minha formação foi firmemente psicanalítica. Fiz análise durante muitos anos, e as idéias de Freud influenciaram e influenciam minhas tarefas cotidianas. Porém, apesar de reconhecer no ilustre mestre a sua grandeza, isso não nos pode impedir de compreender que os conceitos básicos fundamentais da psicanálise se encontram tão influenciados pela mecânica newtoniana que exigem uma necessária reformulação. Como veremos mais adiante, o ponto de vista *topográfico* baseia-se em conceitos de espaço e tempo obsoletos, e de objetos materiais isolados que se movem no espaço e interagem de maneira mecânica; o ponto de vista *dinâmico* psicanalítico baseia-se em conceitos de forças fundamentais, de essencial diferença com a matéria; num sentido econômico, descrevem-se movimentos e interações mútuas de objetos materiais em termos de relações quantitativas e, por último, o enfoque *genético* é de rigoroso enquadramento determinista, com uma descrição objetiva da natureza, transpolando a matéria e a mente a partir de um enfoque cartesiano. A física moderna nos provê de uma concepção que pode influir na *superação* – não na abolição – de estrutura freudiana, válida para certa área de fenômenos da consciência humana.

A realidade não é necessariamente o que julgamos que ela é.

"Na região da mente, o que uma pessoa crê que é verdade é verdade, ou se torna verdade dentro de certos limites que temos de descobrir pela experiência. Estes limites são crenças que temos de transcender.

Oculta ao próprio eu, há uma série encoberta de crenças que controlam nosso pensamento, nossas ações e nossos sentimentos."

Continuemos *transcendendo paradigmas*.

Depois de nos questionarmos a respeito da "validade inquestionável das comprovações científicas", formularemos um princípio célebre de Alfred Korzybski, que assinala que *em todo pensamento, percepção ou comunicação de uma percepção há uma transformação, uma codificação, entre a coisa sobre a qual estamos informando e o que se informa*. Dar um nome a algo é sempre classificá-lo, e traçar um mapa é, em essência, a mesma coisa. Korzybski enunciou que "o mapa não é o território, e o nome não é a coisa nomeada". Esta premissa tão clara não funciona em nossos comportamentos habituais (pensemos quantas vezes, no terreno da terapia, arvoramos a bandeira acreditando que arvoramos a nossa pátria) e a distinção lógica entre nome e coisa nomeada é erro corrente em nossa tarefa, sobretudo quando trabalhamos com técnicas ativas ou enquadramentos não-verbais.

A relação entre teoria e realidade é a mesma que existe entre mapa e território: confundi-las representa um grave erro de tipificação lógica. "A pessoa que comete erros lógicos desta classe comerá um dia o cardápio em vez da ceia."

A realidade não é necessariamente o que julgamos que ela é.

"Na região da mente, o que uma pessoa crê que é verdade é verdade, ou se torna verdade dentro de certos limites que temos de descobrir pela experiência. Estes limites são crenças que temos de transcender.

Oculta ao próprio eu, há uma série encoberta de crenças que controlam nosso pensamento, nossas ações e nossos sentimentos.

A série encoberta de crenças ocultas é a *série limitadora* de crenças que temos de transcender."

Não existe a experiência objetiva ou, em outras palavras, *toda experiência é subjetiva*, pois são os nossos aparelhos de percepção, ligados ao funcionamento cerebral, que criam as imagens que percebemos ingenuamente como "realidade". Toda percepção corrente forma uma imagem necessariamente determinada pela capacidade dos meus órgãos sensoriais e das minhas vias neurais. Por conseguinte, *os objetos que percebo, tal como os percebo, são criados por mim, e são de natureza puramente subjetiva*, apesar de nos custar duvidar da objetividade dos nossos dados sensório-perceptivos. Pura ilusão, pois todos os processos de formação de imagens são inconscientes. Até um som ou uma dor são imagens criadas, e entre o que acreditamos cheirar, degustar, ouvir, ver ou apalpar e o que realmente é, há uma distância enorme.

A realidade não é necessariamente o que julgamos que ela é.

"Na região da mente, o que uma pessoa crê que é verdade é verdade, ou se torna verdade dentro de certos limites que temos de descobrir pela experiência. Estes limites são crenças que temos de transcender.

Oculta ao próprio eu, há uma série encoberta de crenças que controlam nosso pensamento, nossas ações e nossos sentimentos.

Para transcender a própria série limitadora, estabelece-se uma série aberta de crenças sobre o desconhecido."

Outro princípio errôneo é o que sugere que, inicialmente, tudo é predizível e controlável, e se isso não acontece no presente estado de conhecimento, com maior conhecimento podemos predizer e controlar as variáveis apresentadas. *As seqüências divergentes* (como a ruptura de uma garrafa de vidro) *são impredizíveis. Podemos conhecer o genérico, mas o específico escapa ao nosso conhecimento*. Podemos predizer que um líquido entrará em ebulição, mas nunca qual molécula será a primeira a ferver. Deste modo, *a história do futuro é impredizível* (seja em física ou em assistência sanitária) *em termos individuais*. No caso de comportamento de classes de indivíduos ou de imensas multidões, as seqüências são predizíveis, como no caso do movimento dos planetas no sistema solar.

A realidade não é necessariamente o que julgamos que ela é.

"Na região da mente, o que uma pessoa crê que é verdade é verdade, ou se torna verdade dentro de certos limites que temos de descobrir pela experiência. Estes limites são crenças que temos de transcender.

Oculta ao próprio eu, há uma série encoberta de crenças que controlam teus pensamentos, tuas ações, teus sentimentos.

A série encoberta de crenças ocultas é a série limitadora de crenças que temos de transcender.

Para transcender tua própria série limitadora, estabelece-se uma série aberta de crenças sobre o desconhecido.

O desconhecido existe nos fins para uma pessoa mudar a si mesma, nos meios para a mudança, no emprego de outros para a mudança, na própria capacidade de mudar, na própria orientação para a mudança, na eliminação de obstáculos à mudança, na assimilação das ajudas para mudar, no uso do impulso para mudar, na necessidade de mudança, nas possibilidades de mudança, na forma da própria mudança e na substância da mudança e da ação de mudar."

"Até da psicoterapia podemos fazer um excesso", assinala Bateson, ao referir-se *à falta de valores monótonos em biologia*. (Valor monótono é aquele que tão-somente aumenta ou, simplesmente, apenas diminui. Não tem variação.) Em nosso organismo biológico sempre existe uma quantidade que tem um valor ótimo. Acima dela, a variável torna-se tóxica; abaixo, sente-se privação. *Assim como mais vitaminas nem sempre é melhor que menos vitaminas, algo parecido pode acontecer com a psicoterapia.*

A realidade não é necessariamente o que julgamos que ela é.

Esta lista – que funciona a título de exemplo – não é, em absoluto, completa, e seus enunciados se inter-relacionam e se combinam de várias maneiras; porém – no melhor estilo de um *koan zen* –, têm o objetivo principal de provocar, de mobilizar, de desestruturar formas convencionais e, por conseguinte, de re-acomodar nossos processos de pensamento. A idéia central é a de que criamos o mundo que percebemos. Apesar de existir uma realidade fora de nós mesmos, remodelamos e selecionamos a realidade que percebemos para conformá-la à nossa crença acerca da classe de mundo em que vivemos. Para mudarmos as nossas percepções básicas, as que determinam as nossas crenças – as premissas epistemológicas –, devemos, primeiro, tomar consciência de que a realidade não é necessariamente o que cremos que ela é. Só então poderemos considerar idéias e percepções radicalmente diferentes das nossas. *Costumamos ler livros, ouvir músicas, estabelecer todo tipo de relações, que justifiquem e corroborem a nossa visão do mundo, para satisfazermos as nossas crenças.* Como dizia o poeta William Blake, "vemos através dos nossos olhos, e não com eles."

"*Pai:* Em que estás pensando?

Filha: Não, em nada. . . apenas em que há muitíssimas perguntas.

Pai: Por exemplo?

Filha: Bem, compreendo o que queres dizer sobre o nos metermos em confusões. Isso é o que nos faz dizer coisas novas. Porém, estou pensando no tipógrafo. Ele tem de manter classificadas as letrinhas ainda que desmonte todas as frases feitas. E as confusões me preocupam. Temos também de conservar ordenados os pedacinhos dos nossos pensamentos. . . para não nos tornarmos loucos?

Pai: Parece-me que sim. . . sim. . . Porém, o que não sei, é em que ordem. Essa seria uma pergunta muito difícil de responder. Não creio que hoje possamos conseguir uma resposta para essa pergunta."[1]

"Na região da mente, o que uma pessoa julga ser verdade é verdade, ou se torna verdade dentro de certos limites que temos de descobrir pela experiência. Estes limites são crenças que temos de transcender.

Oculta no próprio eu, há uma série encoberta de crenças que controlam o pensamento, as ações e os sentimentos.

A série encoberta de crenças ocultas é a série limitadora de crenças que temos de transcender.

Para transcender a própria série limitadora, estabelece-se uma série aberta de crenças sobre o desconhecido.

Há elementos desconhecidos dos meus fins de mudança; nos meus meios de mudar; nas minhas relações com outros para a mudança; na minha capacidade de mudar; na minha orientação para a mudança; na minha assimilação das mudanças; nas minhas necessidades de mudança; nas possibilidades de que eu mude; na forma em que a mudança me colocará; nas substâncias das mudanças que sofrerei e na minha substância depois da mudança.

1. *The center of the cyclone*, John Lilly, J. Press, New York, 1972.

Minha incredulidade sobre estes elementos desconhecidos é uma crença limitadora, que evita que eu transcenda os meus limites."[1]

Na região da mente, o que uma pessoa crê que é verdade é verdade, ou torna-se verdade. Na região do som, no âmbito da Consciência, não há limites.

Psicologia sem Consciência

Costumo fazer referência a dados de outras escolas psicológicas. A nossa formação tem sido estreitamente limitada e as nossas idéias não são o centro do universo psicológico. No contexto do desenvolvimento atual da psicoterapia, faz-se necessário estudar, praticar, metabolizar e questionar os sistemas de psicologia que serviram de base à evolução do nosso esquema referencial e operativo atual. *Conhecer de onde viemos pode nos ajudar a entender onde estamos.*

Voltemos a Descartes. Estabelecendo uma clara separação entre corpo e alma, ele propõe um estudo da mente através de sistemas de introspecção; e do corpo, a partir dos delineamentos da ciência natural. Esses dois métodos de estudo foram aplicados respectivamente por duas correntes psicológicas: o estruturalismo e o behaviorismo. Surgidas num momento em que a física newtoniana dominava o pensamento científico, incorporaram esses conceitos mecânicos às suas investigações.

Uma terceira corrente do século XX, mais apoiada no aspecto clínico da psicologia, surge a partir do método de associação livre e, apesar de se fundamentar no conceito newtoniano de realidade, constitui uma autêntica revolução das teorias acerca da mente humana: a psicanálise.

1. Extraído do *Metálogo: Sobre los juegos y el ser serios*, G. Bateson, 1953.

Se remontarmos ao século XVII, encontraremos um corpo manejado por leis mecânicas e uma mente – ou alma – identificada com a consciência, que interagia com o corpo através da glândula pineal. Não satisfeito com o dualismo de Descartes, Baruch Spinoza introduz uma concepção filosófica que pressupõe a existência de *uma única realidade fundamental*, na mesma época em que Leibnitz (1646-1716) introduz o conceito de "monadismo". Do grego *monos*, único, existiriam substâncias simples, sem partes, que, agregadas a outras, constituem os objetos que conformam a nossa natureza: *unidades orgânicas indivisíveis de natureza essencialmente psíquica* harmonizam o corpo e a mente num todo unificado. Esses desenvolvimentos espirituais, de Spinoza e Leibnitz, foram ignorados pelas correntes psicológicas em gestação, procurando compreender a natureza humana tão-somente a partir do paradigma newtoniano. La Mettrie (França) comparava o homem com um *animal mecânico*, enquanto Hobbes e Locke (Inglaterra) formulavam o ponto de partida para uma concepção mecanicista do conhecimento, no qual as idéias se fixavam a partir de percepções sensoriais, rebatendo o conceito de idéia inata (Descartes). David Hume centrou a sua análise da mente na faculdade associativa da mesma, e o conceito de "eu" abarca unicamente uma estreita faixa de percepções. Combinando este conceito com o reflexo neurológico, David Hartley reduz toda a atividade da mente a um processo neurofisiológico.

No século XVIII, a partir das pesquisas relativas à atividade mental, estrutura cerebral e sistema nervoso, surge a forte corrente reflexológica, liderada por Ivan Pavlov, na qual todo o comportamento humano se reduz a combinações de *mecanismos reflexos condicionados*. Na década de 1870, Wilhelm Wundt postula-se como o principal expoente da orientação elemental, que sustentava que todo o funcionamento da mente podia ser analisado em elementos cuja especificidade os dotava para formar idéias, percepções ou cadeias de associações.

Houve duas correntes (psicologia gestáltica e funcionalismo) que falaram da natureza unitária da mente e do corpo, mas encontraram forte oposição nos teóricos reducionistas, que procuravam associar a consciência com correntes nervosas e cerebrais. Max Wertheimer, fundador da primeira *escola gestalt*, pressupunha que os organismos não percebiam objetos separados, mas sim totalidades significativas de qualidade diferente de suas partes constitutivas. William James, líder do *funcionalismo*, criticava a análise da mente em forma atomista, e enfatizava a sua unidade e natureza dinâmica, observando o *organismo como um todo*; seus interesses filosóficos levaram-no a estudos pioneiros dos estados não-habituais de consciência e das experiências místico-religiosas.

Em nosso século, o behaviorismo constituiu o ponto mais alto de psicologia mecânica. John Watson reduziu os fenômenos mentais a comportamentos, ao mesmo tempo que considerava estes últimos como processos meramente fisiológicos. "*O homem é um animal, só diferenciado das outras espécies por seus tipos de comportamento*." Os psicólogos se deviam concentrar em registrar e descrever fenômenos objetivos observados, sem nenhum tipo de alusão a termos como mente, pensamento, sentimentos ou emoção, com exclusão total da noção de consciência. O behaviorismo revitalizou-se com contribuições de Skinner, mas continuou a considerar inexistente a consciência, ou a mente, e pretendeu desenvolver uma tecnologia do comportamento, na qual a atividade da máquina humana se limitaria a respostas condicionadas de estímulos proporcionados pelo ambiente.

Acima de tudo, o terapeuta deve ter uma confiança básica na vida, no inconsciente. O inconsciente não deveria ser um substantivo, o que chamei inconsciente intelectual – nos ensina Watts –, mas um verbo *é o aspecto inconsciente do processo da natureza*.

No começo era o Verbo

Sigmund Freud. . .

A simples menção do seu nome basta para despertar nosso respeito e nossa admiração. Todos os psicoterapeutas que implementam sistemas ativos de mobilização em seus tratamentos devem-lhe muito. "A psicanálise é obra minha", declara Freud. "Durante dez anos fui o único a ocupar-me dela, e todo o desgosto provocado pelo seu aparecimento recaiu sobre mim, fazendo-me objeto, diante de meus contemporâneos, das mais diversas e violentas críticas."

Seus desenvolvimentos científicos foram enormes, e a revelação da dinâmica do inconsciente, a importância das experiências infantis, a interpretação dos sonhos, em resumo, todas as descobertas acerca do funcionamento da mente humana incidiram poderosamente na concepção global do mundo deste paradigma que dia a dia vai mudando.

É muito importante diferenciar Freud de seus "discípulos" (mais freudianos e ortodoxos do que o próprio mestre) que, em sua maioria, anquilosaram e acomodaram a gênese do seu pensamento revolucionário, para o adaptarem às suas concepções. *"Crentes" da psicanálise.*

Freud sempre esteve consciente da limitação dos modelos científicos da sua época, e sugeriu várias vezes que, no futuro, a psicanálise devia ser ajustada e adaptada aos novos avanços da ciência. Em 1921, em *Psicanálise e Telepatia*, Freud refere-se aos seus colegas e alunos da seguinte forma: "Eles se contentam com fragmentos isolados de conhecimento, bem como com hipóteses básicas que ainda carecem de precisão e estão sujeitas a revisão."

Não é propósito deste livro realizar uma apresentação formal e crítica da psicanálise, mas acho necessário nos determos em alguns dos seus princípios – vetores de uma psicoterapia em processo de mudança – para compreendermos a estreita relação entre os seus postulados e a visão clássica newtoniana, já que dessa forma acederemos a uma noção mais clara da sua influência em sua formação das idéias em psicoterapia.

A psicanálise apresenta em primeiro lugar duas hipóteses fundamentais: a lei da causalidade psíquica e a proposição de que a atividade do psiquismo é principalmente inconsciente. Em 1900, em *A interpretação dos sonhos*, Freud constrói um modelo de aparelho psíquico constituído como que por muitos elementos ópticos dispostos em forma consecutiva, semelhante a um instrumento *telescópico*. Os componentes psíquicos consecutivos se estendiam desde o sistema de percepção, num extremo, ao sistema motor, no outro, com os diversos sistemas de lembrança e de associação intermediários, num modelo de estímulo-resposta funcional. Uma década mais tarde, procura desenvolver uma topografia da mente mediante a divisão dos seus conteúdos e operações, com base em que fossem ou não conscientes. Inconsciente, pré-consciente e consciente são os três sistemas em funcionamento dinâmico. Em 1923, Freud propõe uma nova hipótese *estrutural*, na qual o *id* abarca as representações psíquicas dos impulsos, o *ego* consiste naquelas funções relacionadas com o meio, e o *superego* (o super-eu) compreende os preceitos morais e as aspirações ideais da nossa mente.

No ponto de vista *topográfico*, Freud supõe que o inconsciente está formado por matéria reprimida ou esquecida e que nunca pôde chegar ao conhecimento consciente. Aqui, como na física mecânica, os objetos caracterizavam-se por seus movimentos, extensão, posição e espacialidade absolutas. Quando Freud fala de impulsos sexuais ou instintivos, em termos de efeitos, está se referindo a forças essencialmente separadas da matéria. Em *An outline of psychoanalysis* (1938) dota as imagens mentais de porções quantificáveis de energia, descrevendo o movimento e as interações mútuas de objetos materiais em termos de relações econômicas quantitativas. Finalmente, quando Freud situa a causa original de um sintoma nas fases primárias evolutivas, instaurando que cada fenômeno psíquico está determinado pelos que o precederam, o seu modelo de pensamento é notoriamente cartesiano.

> *A terapia deve ser renascimento; mas a psicanálise não crê que o homem possa nascer de novo; e, assim, não crê que o homem nasça, na realidade, alguma vez; pois o verdadeiro nascimento é o segundo nascimento.*
>
> Norman Brown

Comparando a psicanálise com o ponto de vista *transpessoal* (aquele que transcende as barreiras do ego pessoal), descobrimos que um eu forte – fator de mediação entre um *id* irracional e um *superego* que controla exaustivamente todos os nossos atos – é para a psicanálise um fator determinante de saúde. O indivíduo deveria estar sempre se defendendo contra os conflitos da mente e se mantendo sob um total controle. A musicoterapia holística considera o ego como um produto da ilusão, e crê que é possível transcender os seus conflitos pela via de uma expansão da identidade que supere o eu propriamente dito.

Dois caminhos

Dr. Wilhelm Reich, falemos de Freud.

"Eu gostaria de começar com uma diferença teórica fundamental na apreciação da psicanálise e do meu trabalho. A psicanálise trabalha com palavras e idéias inconscientes. São essas as suas ferramentas. Segundo Freud, só se pode chegar ao inconsciente através das idéias verbais, quando se formam as imagens verbais. Em outras palavras, a psicanálise não pode ir mais além do segundo ou terceiro ano de vida. A psicanálise está aprisionada por seu método. A análise caracterológica[1] desenvolveu o estudo da expressão emocional. Enquanto Freud desvelou o mundo do pensamento inconsciente, eu segui adiante com o estudo das expressões emocionais. Quando, por meio da análise do caráter, se faz possível a leitura de expressões emocionais, *o paciente não tem necessidade de falar*. Se conhecemos suficientemente bem o paciente, sabemos o que está ocorrendo nele sem necessidade de que diga uma única palavra. *Com a sua expressão, ele diz o que é*. Freud disse-me o que era através da sua expressão facial. Era uma expressão muito triste e realmente desesperada. Por que estava desesperado? Quando o encontrei, em 1919, Freud era uma pessoa muito ativa, alegre, extrovertida. Estava cheio de ardor e de entusiasmo. Por volta de 1924 algo deve ter ocorrido. Ele se retirou das reuniões e dos congressos e manifestou-se o câncer de mandíbula. Segundo as minhas investigações, o câncer é uma enfermidade que se segue a uma resignação emocional, a uma diminuição bioenergética, a uma renúncia à esperança. Freud começou a resignar-se. O seu primeiro desalento ocorreu depois de descobrir a sexualidade infantil. Freud não desejava as repercussões sociais, e elaborou a teoria da sublimação. Foi uma evasão. A causa do seu câncer é perfeitamente compreensível. Fumava muitíssimo, mas sempre tive a impressão de que não fumava por ansiedade, mas porque desejava dizer alguma coisa que nunca passou além dos seus lábios. Como se tivesse de morder algo, engolindo algo para nunca o expressar."

Wilhelm Reich
18 de outubro de 1952

Freud metodizou – teorias da sublimação, instinto de morte e teorias culturais – e se tornou famoso.

1. Criada por Wilhelm Reich. Ver *Análise do Caráter*, W. Reich.

Reich morreu no cárcere.

Na vastíssima obra de Freud, em grande parte devido às restrições do seu pensamento cartesiano congruente com a época em que viveu, existem limitações, mas de modo algum isso diminui em absoluto a sua extraordinária contribuição à psicoterapia. Com sua vida e sua obra, ele nos deu uma série de ensinamentos, úteis para todo aquele que transite pelos terrenos da terapia, sempre e desde que não se estratifiquem em séries de crenças limitadoras, condicionando os nossos movimentos e nos impedindo de re-pensar e complementar as suas formulações, à luz desta Nova Era.

Dizem os mestres *zen* que *o labor do discípulo é montar nos ombros do mestre. Se isso não acontece, sinto que todos eles deram a sua vida em vão.*

Holismo transpessoal: explorador da noosfera

Pierre Teilhard de Chardin sugeriu a idéia de um tecido ou tabique planetário invisível de Consciência em equilíbrio e desenvolvimento que denominou *noosfera*.

Do grego *noos, nous, mente*, explorar a *noosfera* – o espaço do espírito – é a tarefa que me proponho diariamente como terapeuta holístico. De acordo com Teilhard de Chardin e Roger Walsh, um universo noosférico pareceria ser *dinâmico* e *em movimento* ou fluir contínuo, em oposição a estático; *inter-relacionado*, em oposição a formado por componentes separados e isolados; *não-dualista*, em oposição a dicotômico; *um todo unitivo*, em oposição a partes não relacionadas entre si; vazio, constituído em sua maioria por espaço não sólido; *sem fundamento* e *coerente consigo mesmo*, na medida em que todos os seus componentes e mecanismos estão inter-relacionados e são inter-dependentes de tal maneira que nenhum é mais importante ou fundamental do que qualquer outro; *acausal*, porém não anticausal, transcendendo os modelos tradicionais de causalidade, posto que através do onideterminismo cada componente participa ativamente na determinação de cada acontecimento; *estatístico* e *probabilístico*, em vez de seguro; *paradoxal*, mais do que racional ou intelectualmente compreensível, codificável e comunicável; inextricavelmente *vinculado ao observador*, em permanente interação.

Qualquer sistema de assistência à saúde, de terapia, é um resultado de sua história e existe dentro de determinado contexto ambiental ou cultural. Mais adiante explicarei qual é o "contexto transpessoal" que proponho como marco de referência conceitual, teórico e operativo na terapia, mas antes de chegar a este ponto farei um pouco de "história" resumida. Pessoalmente, e antes de egressar da Faculdade de Medicina, especializando-me em musicoterapia, eu já era músico e, além de trabalhar como músico de sessão, coordenava grupos de terapia em serviços de psiquiatria. O ponto de partida para o meu caminho como terapeuta transpessoal originou-se na música que se criava nessas sessões de musicoterapia "intuitiva". Existia "algo" mais além do que sugeriam as teorias psicológicas dominantes, que de alguma maneira eu começava a entrever nas colocações de Jung. O miolo da questão era o seguinte: trabalhando com diferentes patologias, com pacientes autistas, com incapacidade motora, com esquizofrênicos, doentes graves, sempre acontecia esse "algo" que escapava aos enquadramentos tradicionais. Através do diálogo não verbal, e mais concretamente quando eu "apostava o meu coração por inteiro" como músico dentro da sessão (implicando-me um ato criador real e não simplesmente manipulando uma técnica sonora ou sugerindo certo movimento vazio) modelava-se um clima, um momento em que se produzia um "clique" de sintonia; e, superando as limitações intelectuais, físicas ou psíquicas dos pacientes, criava com eles uma comunicação íntima, envolvente, numa linguagem não exeqüível em palavras (compreendendo sem entender) através do som dos instrumentos musicais. Gerávamos um momento que agora me atreveria a chamar – em oposição à sensação que me invadia com essas graves patologias – de "encontro luminoso". Quando essa "luz" se acendia, o paciente iniciava um processo de melhora, dentro da medida das suas possibilidades (habitualmente determinadas por seu meio familiar e psiquiátrico). Penso, às vezes, em alguns pacientes como em colossos de uma força sobre-humana, pois conseguiam superar toneladas de medicação "sonífera" para criar uma música que abria caminho através de uma grossa camada de todo tipo de couraças. Aí estávamos – dois, três ou dez pacientes e eu – totalmente "interconectados" e transgredindo as minhas crenças do momento. Quando saía dessas sessões eu costumava me sentir confuso, o meu "super-eu" me dizia que não era possível "enganchar-me" nessas improvisações, aplicando-me subjetivamente. Em meio a tanta escuridão do mesmo modo se acendia a "luz". Aí comecei a duvidar, a buscar outros caminhos. Além do meu próprio processo analítico e dos grupos de Freud e Lacán, comecei a fazer Tai Chi, e a seguir vieram quase dez anos com Fedora Aberastury e seu *Sistema consciente para a técnica do movimento*, a bioenergética, o psicodrama psicanalítico com Luis Frydlewsky e Tato Pavlovsky, as viagens, o Aikido, a *new age music*, Egberto Gismonti, as leituras, a meditação, a morte de John Lennon, o início de uma nova era. O incrível era que, quando esta "luz musical" se acendia, quando se criava esse clima tão especial, ainda que as idades, as patologias ou as origens culturais fossem diferentes, a matriz pulsante e certas melodias conservavam uma identidade similar entre si. Para ser mais claro, a primeira vez que reparei nisso foi quando, por engano, transcrevi várias fitas gravadas de grupos de trabalho improvisando "músicas". Eu procurava determinar a origem de cada clima sonoro e uma mesma fita tanto podia ser de um grupo de crianças psicóticas ou de um grupo de formação para médicos psicodramatistas que, naquele momento, eu coordenava. Soavam quase igual! Ao tocar espontaneamente, geravam os mesmos padrões rítmicos melódicos, e sem possuir um conhecimento prévio, era-me impossível encontrar diferenças notáveis significativas. Essa ponte de "luz" que se formava era o caminho que eu queria transitar. Propus-me então criar um espaço luminoso no meu interior (e continuo ainda a iluminá-lo dia a dia).

Creio que o que diferencia um terapeuta de outro é o seu trabalho interior, que o presenteia com a capacidade de convocar esses estados de Consciência (de luz) quando ele o deseja, sem se submeter a aparições ou desaparições súbitas, ou à ajuda de elementos externos alheios.

Quanto mais tiver explorado em sua própria noosfera, através de um sistema consciente de investigação, tanto mais capacidade terá para estender essa ponte ao interior de outro ser e lhe dar assistência. Uma vez adquirida essa capacidade, a aquisição da teoria é um processo facilmente complementar.

A palavra *terapia* provém do grego *therapeun* (cuidar de, dar assistência a) e implica um alto compromisso de flexibilidade e crescimento para ambos os pólos da díada terapêutica. A palavra *psicoterapia* significou originariamente a atenção ou o cuidado do alento ou do espírito (alma). O crescimento de um dos participantes da díada terapêutica favorece o do outro; por conseguinte, trabalhar com a própria consciência – explorar a noosfera – unido a "uma repentina disposição para ouvir a verdade sobre si mesmo", pode constituir um excelente modelo de evolução para outro ser humano (seja este paciente, cliente, filho/a ou companheiro/a).

O meu enfoque da saúde é *holístico*, pois encaro o tratamento de uma pessoa íntegra, inteira, em vez de me centrar e focalizar os sistemas específicos de forma isolada. Em vários aspectos sinto-me identificado com a abordagem *bootstrap*[1] e a corrente de psicologia transpessoal, a que transcende os objetivos do ego relacionando o psicológico com a prática espiritual, numa intenção de facilitar o crescimento para regiões de transcendência e realização transpessoal (que transcendem ou ultrapassam a personalidade), mais além do fortalecimento do *eu* ou da realidade existencial.

Penso sempre que esses sons "luminosos", que intuitivamente percebia mesmo quando muito jovem e trabalhando com quadros psiquiátricos muito graves, eram transpessoais, no sentido que significavam algum tipo de processo que ocorria nos indivíduos e em mim,

1. *Bootstrap* significa literalmente "cordão dos sapatos". Esta imagem formulada por Geoffrey Chew, em 1968, sugere que os diversos elementos e acontecimentos que compõem este mundo estão todos ligados entre si por cordões entrecruzados.

de certo modo, para além deles como indivíduos e de minha personalidade.

Terapeutas: Zen ou não *Zen*[1]

O assunto não é encontrar técnicas que curem as pessoas, "para afastá-las de nós". Trata-se, de preferência, de aprender a incluí-las como parte de uma boa sociedade humana. Por isso, é importante que o terapeuta crie uma atmosfera em que as pessoas se sintam calidamente bem-vindas. Esta atitude deve impregnar seu ambiente de trabalho.

Ao trabalhar com outro, é necessário que tu – terapeuta – sejas "paciente" durante todo o tempo necessário. Nunca deves abandoná-lo. Não importa que problema ele traga, sempre podes alentá-lo com teus gestos e fazê-lo sentir que ainda pode seguir em frente.

O trabalho mais importante que um terapeuta pode desenvolver é alcançar a plenitude, não só como profissional, mas também como ser humano íntegro, e inspirá-la nas pessoas que dele necessitam. Ser um ser humano pleno é cultivar um estado de alerta, de atenção básica. A partir desse estado de Consciência, tua espontaneidade e humildade podem expandir-se para os outros, de forma que te abras para eles sem partilhar a tua compreensão. Para desenvolver uma capacidade de calor, deves trabalhar primeiro a tua própria naturalidade e inocência, e estas logo se expandirão para os outros.

Não podes enquadrar teu paciente, pois assim ele jamais se entregará e não haverá uma conexão genuína. Se começares por explorar a ti mesmo, já o estarás explorando. Isso talvez te pareça uma terapia ao estilo budista, porém esse estilo é apenas sentido comum, igual ao estilo de trabalho ocidental realizado com harmonia. Trabalhar com outro é uma questão de ser genuíno e de projetar essa qualidade para as

1. Este texto foi inspirado em escritos do mestre de meditação budista Chögyam Trungpa, que reside nos Estados Unidos há vinte anos e fundou o Naropa Institute, em Colorado, um colégio de artes que combina disciplinas intelectuais e práticas de meditação tibetana, e pelo qual transitaram numerosos terapeutas da vanguarda californiana.

outras pessoas. *Só se fores verdadeiro projetarás verdade.* O trabalho que fazes não se chama terapia ou outro nome em particular: é ser completamente honesto. Se tens confiança em ti mesmo e encontras a forma de superar o "drama pessoal" do teu ego, então podes alcançar os outros. Sem teorias ou categorias de comportamento, o principal em teu trabalho é manifestar candura e apreciá-la.

Ao estilo da psicoterapia gestáltica, deves trabalhar com o momento presente. O passado já se foi, o futuro não chegou. Só vivemos no eterno presente. Os seres humanos se manifestam no momento. Não obstante, é comum ocorrer que as pessoas necessitem falar do seu passado ou comentá-lo. Então, orienta o passado para o presente, como um nível mais que se manifesta agora. Pode existir uma história clínica, mas essa história está morrendo. A história completa de uma pessoa está presente à tua frente quando lhe dizes olá. Não se trata de ignorar o passado (ele se encarregará de se fazer presente), mas de tratar de fazer uma história clínica em termos de quem é agora.

> *Enquanto tivermos alguma idéia definida do futuro, não poderemos tomar a sério o presente.*
>
> Shunryu Suzuki

Os pacientes devem experimentar o teu calor e a tua plenitude. Se sintonizam com isso que emana de ti, aproximar-se-ão sem receio. Este é o estado prévio da cura. "A cura pode também nascer de uma simples sensação de racionalidade, de amabilidade e de plenitude humana", Chögyam Trungpa.

O primeiro passo é desenvolver-nos e projetar-nos como seres humanos íntegros e genuínos. Depois poderemos ajudar outras pessoas criando uma atmosfera apropriada, falando com elas ou sussurrando uma melodia. A atmosfera que nos rodeia, o "clima", deve refletir a dignidade humana; deve estar fisicamente arrumada.

> *Deixa de falar do satori e da iluminação,*
> *e começa por te observares e te disciplinares.*
>
> Mumon, mestre *zen*

Isto me lembra a história de um discípulo que pergunta ao seu mestre a respeito da iluminação, e este lhe responde: "Lavaste o prato em que comeste hoje? Pois então lava-o." Até com uma boa comida se estimula uma pessoa a sentir-se à vontade num consultório. Na realidade, o consultório deve ser como a tua própria casa. Coordenei inúmeras sessões com um prato de arroz integral como "objeto transitório-intermediário"; preparei chá banchá com ameixa "umeboschi" para um paciente debilitado ou dispersivo (ying); celebrei com uma torta de maçãs uma alta e brindei por um nascimento. E nem por isso o contexto terapêutico se esvaneceu: muito pelo contrário, sempre se sentiu fortalecido.

Como terapeutas, temos um dever bastante claro e criador. Em primeiro lugar, alcançar um estado de claridade interior dentro de nós mesmos, buscar em seguida qualquer sinal de claridade nos demais e procurar desenvolver tudo o que haja neles de sadio e criador. Keith Jarret diz que só podes dar a claridade que possuis, mas a única pessoa capaz de recebê-la é uma pessoa *clara*. *Acreditemos* no que Bateson nos ensinou – há, ainda, alguns pedaços sadios e claros no mundo – e vamos explorá-los. Se *cremos*, talvez algum dia possamos *criar*.

As pessoas que se apresentam à terapia costumam carrear uma desordem, tanto interior como exterior. Com a nossa maneira de ser, de trabalhar, podemos oferecer um contraste com essa desordem, com essa falta de *zen*tido. Para o budismo *zen*, a atmosfera que rodeia uma pessoa reflete a sua individualidade. Diz um terapeuta *zen*: não pense apenas em ordenar a mente; é preciso também banhá-la e vesti-la. Trungpa ensina que devemos tratar os nossos pacientes como príncipes e princesas. Eles nos dão a oportunidade de assistir ao nosso crescimento, de exercer o nosso ofício – o nosso tao –. "Um mestre que não pode se inclinar em referência diante do seu discípulo não pode se inclinar diante de Buda."

A possibilidade de transformação do outro depende de quão aberto estejas a situações intuitivas, quão receptivo, paciente e sem temor te manifestes. Se tens paciência e irradias equilíbrio – um estado de superação constante – chegarás a eles com segurança. Não te precipites. Levará tempo, pois é um processo muito longo: é preciso esquecer a tua impaciência e aprender a sentir afeto pelas pessoas. Assim se cultiva a árvore da saúde. Não podes considerar o que fazes como um trabalho terapêutico médico comum: todo grande terapeuta deve cuidar dos seus pacientes com humildade e compartilhar de suas vidas. Trata-se de um compromisso a longo prazo. Pensas que isso se assemelha mais a uma relação mestre-discípulo no caminho do budismo? Se isso fosse assim, poderias orgulhar-te de ti mesmo. Esta relação nasce da confiança. O guru (o *kalyanamitra* ou "amigo espiritual") é aquele capaz de repartir o ensinamento espiritual devido ao fato de ele mesmo ter cumprido o processo. Compreende o problema do discípulo e o motivo que o levou a aproximar-se dele. Sabe igualmente de que orientação o discípulo precisa e o modo de oferecê-la a ele. Nesse caso, serás "tu mesmo", em vez de te conceberes como uma personalidade capacitada para a terapia. Assim, como terapeuta no melhor estilo *zen*, experimentarás a satisfação de desbordar a estreiteza do mundo ordinário em que nascemos. Terás aberto novos horizontes e, talvez, compreendido que a tua ciência ou a tua arte leva um nome errôneo – psicoterapia –, de vez que o motivo da tua tarefa é algo muito mais extenso do que a psique e os seus problemas particulares. Isso confere à psicoterapia um certo parentesco com as formas de liberação budistas. Afinal, ambos os caminhos se propõem um mesmo objetivo: provocar mudanças de consciência. A diferença e o desafio encontram-se basicamente em conhecer qual é o nosso estado e modelo de consciência. Ali começa a primeira grande "iluminação", o primeiro *insight* da terapia, a primeira pulsação compartilhada.

Zen ou não *zen*.

Eis a questão.

Contexto transpessoal

Um terapeuta pode implementar em seus tratamentos diversas técnicas de aproximação e elaboração, mas o matiz transpessoal da orientação depende do contexto em que se empregarão as referidas técnicas. Uma dramatização, um *rol playing*, um exercício respiratório, uma interpretação, uma audição sonora ou o uso de um instrumento musical, podem receber numerosas e complementares leituras, que se correspondem com diferentes estratos ou níveis do ser. O marco transpessoal não exclui essas leituras (psicodinâmica, psicanalítica, sistêmica, humanista, social, comportamental, bioenergética), mas inclui uma gama de fenômenos que propõem inevitavelmente questões de natureza espiritual, transcendendo os objetivos e as formas de adaptação tradicionais do ego.

O centro transpessoal da terapia não está determinado por uma certa prática ou exercitação especial a ser adotada na sessão, mas sobretudo pelas crenças, atitudes, valores e pontos de vista sobre a natureza humana adotados pelo terapeuta como elementos para a prática da psicoterapia (Roger Walsh). Um terapeuta transpessoal enfoca basicamente o seu exame e estudo nas *crenças que determinam a natureza do seu trabalho*. Ele sabe que, atendendo às raízes, uma árvore pode frutificar e crescer. Por isso este livro não traz "receitas técnicas", nem explicações ou formas de interpretar "objetivamente" os recursos da musicoterapia ou a linguagem corporal de um paciente. Conhecendo de onde viemos e para onde vamos, cedo ou tarde é possível vislumbrar o caminho.

Uma vez assumida uma "*posição transpessoal*" (Fadiman), esta funciona como marco de referência dentro do qual se implementam diversos métodos e redes de mensagens. O contexto transpessoal – criado pelas crenças, valores e atitudes do terapeuta – difere então do possível conteúdo transpessoal da sessão, pois depende do material trazido pelo paciente.

Em geral, quando um terapeuta não inclui em seu marco de crenças as experiências transpessoais, costuma interpretá-las como fatos patológicos e tende a suprimi-las de imediato: um contexto amplo pode permitir ao paciente que esteja em condições de fazê-lo, um crescimento totalizador. Em Washington, um trabalho publicado pelo *Grupo para o progresso da psiquiatria* (*Mysticism; spiritual quest or psychic disorder?*, 1976) demonstrou que também os profissionais mais bem preparados e intelectualmente capazes em aspectos de saúde mental costumam cometer graves erros de diagnósticos caso não tenham explorado os âmbitos transpessoais. Com isso não quero dizer que qualquer delírio paranóide místico possa ser interpretado como uma "experiência culminante", ou que todo paciente possa evocar a "voz do cosmo" com um tambor: contudo, as experiências culminantes já foram ampla e cientificamente reconhecidas.[1]

Não devemos pensar numa terapia transpessoal como em algo "esotérico" ou meramente "espiritual", pois inclui também os obje-

1. Ver *La experiencia mística y los estados de conciencia*, Kairós, Barcelona, 1980.

tivos tradicionais de tomada de consciência do comportamento e a possibilidade de sua transformação, modificação e alívio dos sintomas. Um terapeuta transpessoal *não modifica a experiência em si mesma: o seu objetivo é alterar a relação que temos com nossa experiência.*

Existem dois modelos com base nos quais todo terapeuta pode agir: um é o modelo da *competência*, que costuma instaurar-se nas técnicas mais tradicionais, oferecendo um terapeuta "efetivo", que como "tela em branco" domina perfeitamente tudo o que pode acontecer na sessão sem se implicar (excluindo a sua própria afetividade e o seu mundo emocional). Outro modelo é o da *aprendizagem*, no qual o terapeuta e o paciente, num nível hierárquico menos distante, funcionam ambos como "mestre e aluno" ao mesmo tempo. Sua única "competência" implica a responsabilidade de atuar com sinceridade e abertura na percepção do que acontece durante a sessão. A partir desta visão, encaminharia a terapia para regiões de fluida elaboração superior – tratando de interferir o menos possível – e sendo, ao mesmo tempo, ferramenta e modelo do que propõe, *vivendo e sendo* aquilo que proclama: simplesmente um homem ou uma mulher consciente.

O progresso terapêutico não se manifesta a partir da confrontação direta ou da substituição dos aspectos arrítmicos (patológicos, enfermos, compulsivos) da própria vida, mas através do seu desgaste ou desinteresse progressivo; à medida que a pessoa começa a perceber mais satisfatória e plena a situação transpessoal consciente, desvanecer-se-ão aos poucos os hábitos inadequados. Recordemos que, além disso, todos os sintomas foram tratados psicodinamicamente com anterioridade.

Muitas vezes, os objetivos (a palavra objetivo me soa um pouco dura e, talvez, fosse mais adequado substituí-la pela palavra "tendência"), a "tendência" de um enquadramento transpessoal em musicoterapia pode chocar com as idéias mais comuns que sugerem que o principal a ser feito por um indivíduo é melhorar ou modificar a sua personalidade. Para nós, um dos primeiros "objetivos" é "alinhar" a personalidade no marco da totalidade de si mesmo, para que o paciente se desidentifique de sua personalidade isolada e se identifique com essa totalidade. Quando uma pessoa chega à terapia parece-nos que quer mudar ou modificar o seu estado de sofrimento e confusão, mas, na realidade, ela não quer mudar a região da personalidade: o "si mesmo" global comporta-se de maneira totalmente diferente quando o drama pessoal reduz o seu poder, podendo experimentar e vivenciar toda uma gama de emoções e relações diversas, sem se apegar ao melodrama da personalidade.

Por último, a posição transpessoal supõe que, além de alimento, habitação e relações – as necessidades básicas – devem ser satisfeitas outras necessidades de auto-realização superior para se poder falar de saúde num nível ótimo. Para isso, o terapeuta deve "conectar" o paciente com os seus *recursos interiores* (Frances Vaughan), com as suas capacidades potenciais de autocura que se acham latentes ou subdesenvolvidas. Por isso, um terapeuta não cura a doença de um paciente; somente o presenteia com um "contexto" dentro do qual se leva a cabo a emergência dos "conteúdos" transpessoais do paciente, a partir do trabalho com séries de crenças abertas no que se refere ao processo terapêutico.

O conteúdo nunca é exclusivamente transpessoal. Por exemplo, se um paciente desempenha um *rol playing* de alguma situação conflitante, o sonoriza ou "musicaliza", fala a respeito do que sente, etc., ele está refletindo o espectro total de sua experiência vital em diferentes níveis. A terapia pode dirigir-se (e habitualmente o faz, escolhendo apenas algum deles) aos diferentes *níveis da Consciência* (Ken Wilber) conforme os temas predominantes na sessão.

Quando o paciente coloca os inconvenientes de enfrentamento e relacionamento com o meio em que vive, a terapia centra-se no *nível do ego* (quando digo que um paciente "coloca" uma situação conflitante não me refiro a que só o possa fazer verbalmente; no caso da musicoterapia, a escolha de certos instrumentos, o predomínio rítmico, a forma de um movimento, o modo de suster uma baqueta de um tambor, uma cena sonodramática, etc., podem "falar-nos" do nível em que a sessão se desenvolverá de maneira clara e inequívoca). Se se propõem problemas de significado na vida, propósito no mundo, enfrentamento da morte ou propostas semelhantes, achamo-nos no *nível existencial.* Quando o/a paciente esboça a possibilidade de uma transcendência e unidade com o cosmo, é provável que se manifestem *níveis transpessoais ou noéticos*. Se lhe for dada uma oportunidade, a sabedoria interior do organismo aflorará como uma força integradora e curativa em que o paciente poderá confiar (F. Vaughan). Como declara R. Metzner em *Know your type: Maps of identity*, a direção da busca em terapia transpessoal é sempre para dentro.

> A psicologia transpessoal é o título dado a uma força que emerge no campo da psicologia por obra de um grupo de psicólogos e de profissionais de outros campos, os quais se interessam por essas capacidades e potencialidades humanas últimas que não têm lugar sistemático numa teoria positivista ou condutivista ("primeira força"), na teoria psicanalítica clássica ("segunda força") nem na psicologia humanista ("terceira força"). Esta emergente psicologia transpessoal ("quarta força") ocupa-se especificamente do estudo científico empírico, da implementação responsável dos descobrimentos pertinentes, e dos conceitos, experiências e atividades relacionados com tudo isso.
>
> Anthony Sutich

Símbolos de poder

Uma comunidade de dervixes errantes originários de Chist, Khorasan, especializou-se no uso da música durante os seus exercícios. Entravam numa cidade tocando uma animada melodia com flauta e tambor (o *chistu*), convocando as pessoas, para em seguida recitar uma história ou lenda de significado iniciático e com um elevado conteúdo simbólico paradoxal. Para esta ordem sufi, a música representava uma verdadeira "experiência espiritual", e eles desenvolviam toda uma série de cerimônias e movimentos conjugados.

Contar-lhes-ei uma história atribuída ao mestre Abu-Ishak Chisti, nascido em princípios do século X e descendente do profeta Maomé.

Imaginem. Lembrem-se de que nos jardins da mente não há limites. . .

"Era uma vez, no tempo em que os homens ainda não dominavam a arte e a ciência da jardinagem, um mestre jardineiro. Além de conhecer todas as qualidades das plantas, seus valores alimentícios, medicinais e estéticos, tinha-lhe sido dispensado o dom de conhecer a Planta da Longevidade e, assim, viveu durante muitos séculos.

Através de sucessivas gerações, visitou e cultivou jardins no mundo inteiro. Em certa paragem tratou de um jardim maravilhoso e instruiu seus ajudantes sobre a arte da jardinagem a fim de cuidarem dele e de o conservarem. Porém, ao se acostumarem a observar que as plantas cresciam e floresciam ano após ano, os ajudantes logo esqueceram as instruções recebidas do velho jardineiro: que deviam recolher as sementes anualmente, que algumas espécies se reproduziam por gomos, que outras necessitavam de água em abundância. O resultado foi que, finalmente, o jardim se tornou selvagem e os ajudantes começaram a acreditar que era o melhor que podia existir. Mas o velho jardineiro, depois de lhes ter dado muitas oportunidades de aprender, acabou por despedi-los e substituí-los por outro grupo de ajudantes, aos quais advertiu que deviam estudar o método para cuidarem e conservarem o jardim, pois do contrário sofreriam. No entanto, estes também o esqueceram e, como eram folgazões, só se dedicaram às frutas e às flores que se cultivavam sem grandes cuidados, e deixaram que as demais plantas morressem. Alguns dos primeiros assistentes de quando em quando lhes diziam: 'Deveis fazer isso ou aquilo', mas eram afastados aos gritos: 'Vós é que estais equivocados'.

Ainda assim, o mestre jardineiro perseverou. Continuou a cultivar jardins onde quer que pudesse; mas, nenhum era perfeito, exceto os que ele próprio cultivava juntamente com os seus ajudantes mais antigos. Quando se soube que havia muitos jardins e até muitos "métodos" de jardinagem, as pessoas passaram a visitar os seus jardins para aprovar, criticar ou discutir seus métodos. Escreveram-se livros, realizaram-se assembléias de jardineiros e criaram-se categorias de acordo com o que, segundo elas, era a ordem correta de importância."

O problema dos jardineiros e dos terapeutas, comum a todos os homens, está em que são atraídos pelo superficial. Dizem: "Gosto desta flor", e querem que todas as pessoas sintam o mesmo, independentemente de se tratar talvez de uma erva má que sufoque as outras plantas úteis e necessárias tanto para as pessoas quanto para o jardim, de vez que poderiam oferecer remédios ou alimento para o seu sustento.

Entre esses jardineiros há os que preferem plantas de uma só cor, qualificadas como "boas". Outros que só cuidam das plantas mas são negligentes no que diz respeito aos caminhos, às entradas e também às cercas.

Quando o velho jardineiro faleceu, deixou como herança, distribuída entre as pessoas que podiam compreendê-lo segundo a sua capacidade, o conhecimento completo da ciência e arte da jardinagem, que ficaram dispersas em muitos jardins e também em alguns livros.

Os que se educam num ou noutro jardim receberam geralmente uma instrução tão poderosa concernente aos méritos ou deficiências da forma pela qual os habitantes consideram as coisas, que são quase incapazes, embora se esforcem, de compreender que é preciso regressar ao conceito de 'jardim', e, então, no melhor dos casos, só aceitam, repelem, evitam julgar ou buscam aquilo que imaginam ser os fatores comuns. Atuam a partir de um marco restrito de crenças limitadoras.

De quando em quando surgem verdadeiros jardineiros, assim como genuínos terapeutas, mas é tamanha a abundância dos subjardineiros, que as pessoas, quando ouvem os verdadeiros, dizem: "Oh, se falas de um jardim como os que temos ou imaginamos!" E tanto o que elas têm quanto aquilo que imaginam é insuficiente.

Os verdadeiros jardineiros trabalham com essa gente porque, às vezes, se consegue obter dela verdadeiros jardins para benefício da espécie humana. E conquanto não durem muito tempo, apenas por intermédio deles se pode conseguir que as pessoas adquiram realmente o conhecimento e possam contemplar como é um verdadeiro jardim.

Constituir em nós uma nova consciência é adquirir noção do simbolismo. *O simbolismo é o espírito que estabelece conexões – correspondências – em vez de distinções – separações*. O simbolismo torna conscientes interconexões e uniões que eram inconscientes e reprimidas; silenciadas. Freud diz que o simbolismo está sobre as pegadas de uma *identidade anterior*, de uma unidade perdida: um continente perdido, como a Atlântida – assinala Norman Brown – sob o mar da *vida em que vivemos como ilhas*.

Para encarar a realidade e o mistério da mutação da consciência humana, faz-se necessária uma verdadeira interação dinâmica entre a mente intuitiva (nosso ser criador-músico, e o conhecimento científico – o ser psicoterapeuta). Ser criador implica ter capacidade para receber o novo e incluí-lo em novas séries de informação.

Este capítulo se propôs desestruturar em si mesmo um modelo rígido de pensamento. É escuro e luminoso. Ying e yang. Fechado e aberto como uma ilusão de óptica.

Lê três vezes
Ouve três vezes
Ouve-te três vezes
Estas palavras estão "tingidas" pelo som da tua própria voz
Pelo fluir da tua respiração
Estas palavras estão "criadas" pelo sentido do teu coração
Estamos vivendo uma Nova Era
Trocando um velho paradigma por outro
Mais amplo
Mais flexível
Veículo de paz
Criando juntos uma nova consciência
Uma nova psicoterapia
Um âmbito de crescimento
Na região da consciência o que crês que é verdade
É verdade
Ou se torna verdade
Na região da consciência
No desejo de uma vida plena
Não há limites. . .
Não há limites. . .
Não há limites. . .

O que te digo três vezes é verdade.

Lewis Carroll

Não há limites. . .
Não há limites. . .
Não há limites. . .

MÚSICA, A CURA INTERIOR
Mensagens, Sinais e Padrões Simultâneos no Sistema Som-Saúde

Com a ajuda de músicos de mentalidade holística, musicoterapeutas e trabalhadores da saúde, a comunidade médica começou a refletir acerca do papel da música como agente facilitador da saúde no ser humano.

Ouvir e escutar

Alguns anos atrás, Alfred A. Tomatis, um otorrinolaringologista francês, foi consultado a propósito de um caso singular ocorrido na abadia de Bec Hellouin, na França. O médico chegou ao mosteiro beneditino e encontrou setenta dos noventa monges internos, em suas celas, "atirados como trapos-de-assoalho molhados". Curioso pela aparente falta de causa médica, Tomatis logo descobriu que um novo caminho na campanha de modernização do estilo de vida tinha imperado no mosteiro: haviam sido eliminadas as tradicionais seis ou oito horas diárias de canto gregoriano, sempre contempladas no horário dos monges, mas que pareciam não ter um propósito "concreto, claro e real". Pouco tempo depois da supressão dos cantos, os monges começaram a sentir abulia, dormir tarde e trabalhar menos; e quando – como o resto do mundo "civilizado" – variaram a sua alimentação vegetariana e começaram a comer carne e papas, as coisas ficaram ainda piores. O estilo de vida ascético, em particular seu voto de silêncio, fazia-os dependentes do canto como meio de se expressarem. A ciência demonstrou que os cantos gregorianos – do mesmo modo que os mantras em outras culturas – ressoam na cabeça do cantor e, a partir de certos sobretons de alta freqüência harmônica, produzem uma carga elétrica diferencial no cérebro. Para estimular ainda mais os seus cérebros, Tomatis forneceu a cada monge um *walkman*, com uma gravação de música barroca com as freqüências mais baixas filtradas. Em nove meses, todos os monges enfermos se integraram novamente a seus trabalhos, acharam-se vigorosamente recuperados e comprometidos com a oração. "Somos criaturas de som – explica Tomatis –; vivemos e respiramos no som." Devolvendo aos monges o seu som, o seu próprio estímulo, eles se restabeleceram plenamente, redespertaram.

Em princípios de 1986, conheci em Paris Michel Nysten – Audio Psycho Phonologue, Conseil em Comunicação do Centro Jonathan Tool – um cientista ligado à computação, que também filtrava as freqüências graves de certas músicas, para os seus tratamentos singulares em musicoterapia. Durante um prolongado encontro falamos a respeito dos nossos respectivos esquemas de abordagem. Comparamos umbrais de audição (que, para o seu sistema de trabalho, são verdadeiros "umbrais de saúde") entre o diretor do círculo guitarrístico de Paris – Blas Sanchez – e eu. A experiência foi emocionante. O seu sistema, impulsionado por A. Tomatis, *Logical Training System*, investiga a relação existente entre a nossa audição, a personalidade e a emissão de sons. Pode ser definido como um sistema pedagógico do ato consciente de perceber e captar o universo sonoro. Para Tomatis, as funções principais do ouvido estão relacionadas com o equilíbrio, a verticalidade e a motricidade, com a produção de energia destinada a alimentar o núcleo encefálico cerebral através da transformação da recepção sonora e, por último, com a ocupação de um lugar decisivo na maturação do ser humano, pois a estruturação do ouvido é paralela à do sistema nervoso e a sua evolução psicofisiológica. Nysten preconiza que *os conflitos afetivos da infância determinam dificuldades em certos parâmetros do espectro auditivo*.

O ouvir e o escutar não são atividades similares; a diferença assenta em que, quando ouvimos, o fazemos de maneira passiva; porém o ato de escutar nos implica como participantes ativos, selecionando vibrações.

Nosso mundo desenvolve a sua existência sob a luz do sol, e a visão é o sentido perceptivo por excelência. Movimentos, ações, mares luminosos de formas plásticas, são transmitidos à consciência assim que apreendidos pelos nossos olhos. Mas, do mesmo modo que a vista é o sentido da percepção, o ouvido é – no homem – o sentido de comunicação mais transcendente. Num duplo jogo de comunicação, que implica um compromisso inerente da nossa totalidade com o que soa, recebemos um mundo de vibrações sonoras que enviamos ao nosso ser profundo; e, graças à nossa rica capacidade de nos convertermos também em som, retornamos e alimentamos esse universo sonoro, essa *sonosfera* que nos envolve e nos contém.

O ouvido, ao ser um órgão receptor associado com a orientação geral do corpo, do sentido do equilíbrio, da orientação têmporo-espacial, do controle das nossas ações e dos nossos movimentos corporais, constitui-se numa via de assimilação-acomodação do organismo ao meio.

Experimentei, em Paris, um aparelho desenvolvido por Nysten, que gerava sons filtrados na gama das baixas freqüências audíveis, sem modificar as tonalidades agudas. No começo, acreditava não escutar absolutamente nada, mas depois de alguns minutos, realizando uma acomodação do meu modelo de percepção auditiva, comecei a ouvir suaves linhas melódicas. Nos limites da audição, determina-se um perfil psicológico paralelo, que, com um trabalho sustentado, é suscetível a certas modificações substanciais. Segundo Tomatis, existe um paralelismo entre as curvas que incrementam a audição e as de emissão vocal; e, durante as experiências, pude confirmar que toda mudança na audição também implica uma alteração na vocalização.

Somos seres de sons. Escutar o que nos rodeia, escutar uma música, é também escutarmo-nos por dentro, olhando para o nosso interior e não simplesmente vendo: é reconhecer formas dentro das formas. Num conhecimento vital e revelador, transformando a audição inconsciente em consciente, este processo é uma singela forma de tomar contato com a realidade toda, um verdadeiro exercício de meditação.

Música e cérebro

A maioria de vocês sabe intuitivamente que a música pode nos fazer rir, chorar, dançar ou gritar de emoção, enquanto nós, os pesquisadores, ainda nos debatemos acerca de como a música encontra o seu "caminho" em nossa estrutura cerebral, e por que afeta o organismo todo.

Poderosas conexões em níveis neuroniais são encarregadas de interligar o ouvido com os centros superiores cerebrais. A partir de um *enfoque cibernético* – sendo a cibernética o ramo das matemáticas que se ocupa dos problemas do controle, da recursividade e da informação – as energias provindas do mundo que nos circunda, constituídas por vibrações, reações químicas e/ou fenômenos físicos, impressionam os nossos circuitos exteroceptores e, através dos transdutores (algo assim como conversores de energia), os transformam numa forma "elétrica". Derivado do grego *fono*ssons, denominamos *fônons* aos estímulos que atuam sobre o ouvido e, como comprovaremos mais adiante, estes *fônons* nos afetam por inteiro como se todo o nosso ser fosse um *complexo instrumento de ressonâncias*. No estado atual do pensamento da comunidade científica seria necessário adjudicar um pensamento holístico a este enfoque analítico, um tanto cartesiano (por suposição, sem invalidá-lo). É bom lembrar a teoria cerebral de campo unificada, como a proposta por Bohm, junto a uma visão estatística probabilística que considera o universo físico como um composto de movimentos de objetos ou acontecimentos minúsculos, partículas como os elétrons ou fótons. De acordo com um ensaio editado por M. Crithley e R. A. Henson, chamado *Music and the Brain: Studies in the neurology of music*, há pelo menos três processos neurofisiológicos que podem ser engatilhados pela música. Primeiro, já que a música é um veículo não-verbal, ela transita através do córtex auditivo diretamente para o centro do *sistema límbico*, que é a rede do cérebro médio que governa a maior parte das *nossas experiências emocionais*, bem como as respostas metabólicas básicas, como a temperatura do corpo, a pressão sangüínea e o ritmo cardíaco. Investigações no campo da noética (Consciência) cerebral começaram a vincular a atividade do sistema límbico com experiências profundas de harmonização, transcendentais ou extáticas. Em segundo lugar, a música pode ativar o fluxo de *materiais de memória* arquivados através do *corpo caloso*, que é uma coleção de fibras que conectam os lados esquerdo e direito do cérebro, ajudando ambos a atuar harmonicamente. Segundo Carl Sagan, possuímos notáveis faculdades cognitivas e um elevado índice de percepção de dados que supera a consciência verbal e analítica, localizada no hemisfério esquerdo do cérebro, e que muitos consideram como o único patrimônio a se levar em conta. O hemisfério direito relaciona-se com a visão tridimensional, o reconhecimento de formas e contornos, as faculdades musicais e o raciocínio holístico. As funções racionais situam-se fundamentalmente no hemisfério esquerdo, e as intuitivas no direito. Toda a atividade criadora notável do ser humano surgiu da combinação e ação conjunta de ambos os hemisférios. De acordo com Carlos Castaneda, a consolidação da totalidade de um mesmo efetua-se mediante a união dos lados esquerdo e direito, a partir da reconciliação dessas duas formas distintas de percepção num todo unificado. Pribram determina que o depósito de memória distribuída no cérebro poderia assemelhar-se a um registro foto-holográfico de freqüências em toda a superfície cerebral, restando-lhe uma ênfase excessiva ao estudo da laterização funcional. Bohm também afirma que a consciência não se armazena em nenhum lugar específico, mas sim por toda a superfície do cérebro; cada vez que a informação é utilizada, faz-se uma seleção que é recolhida de todas as partes, de toda a vasta rede de informação. As funções esquerda-direita refletem também um compromisso com um pensamento dualista e dicotômico, afirma Bob Samples. O modelo holonômico estabelece hipóteses mais além da suposta separação de atividades: cada um de nós estabelece um campo de energia multidimensional por todo o cérebro, para armazenar, recuperar e transformar experiências musicais (dados ou unidades de informação sonora). Em terceiro lugar – retomando os estudos de neurologia musical de *Music and the Brain* – Crithley e Henson afirmam que a música pode sintetizar a produção de certos agentes chamados *péptidos*, ou estimular substâncias químicas geradas pelos nossos corpos, chamadas *endorfinas*, que são "opiáceos" naturais segregados pelo hipotálamo e que induzem um estado particular, semelhante ao de "estar enamorado".

"Na orquestra, que é o cérebro, a ação recíproca dos insumos sensoriais mantém-se no ritmo adequado, não no córtex cerebral, mas no mesencéfalo, que opera por baixo do nível do pensamento consciente. As mensagens procedentes dos diversos sentidos se combinam, ordenam, comprovam no mesencéfalo e, se necessário, são enviadas a partir dali ao córtex cerebral. No mesencéfalo encontramos uma das mais notáveis características de todo o aparelho ou sistema de pensamento: nele, a maioria das mensagens de todos os sentidos se combinam com as do sistema vestibular antes de serem enviadas aos assentos da consciência consciente do córtex cerebral. Se o sistema vestibular se mostra pouco ou excessivamente ativo, ou então dessincronizado, as repercussões podem ser generalizadas e debilitantes. O mesmo problema, que provoca sensações persistentes – ainda que sejam subliminais – de imperfeição no movimento, pode causar transtornos na visão, no ouvido e nas sensações.

De fato, o que mantém o ritmo ou compasso da orquestra cerebral é, sobretudo, a sensação de gravidade e de equilíbrio. Os grupos musicais da Índia costumam incluir um instrumento de corda que proporciona uma espécie de som surdo e constante, uma Razão de Ser com a qual se pode comparar os sons de todos os demais instrumentos. Se a orquestra do cérebro possui um instrumento desse tipo, é sem dúvida nenhuma o sistema vestibular, que relaciona todas as nossas ações e os nossos pensamentos com a gravidade da Terra e, através dela, com o campo gravitacional do Universo todo.[1]

Falar de música e cérebro implica introduzir-se necessariamente num terreno epistemológico, pois deveríamos nos ocupar de como conhecemos algo e quem somos os que percebemos esse conhecimento. As crenças que possuímos em relação ao mundo que habitamos determinam a maneira como o "escutamos" e atuamos (gerando sons) dentro dele. Essas maneiras de perceber e atuar determinam as nossas crenças acerca da natureza do mundo que habitamos. Diz George Kelly que, mediante estas regras epistemológicas, um indivíduo *constrói* a sua experiência. *Somos o que escutamos, e escutamos a partir do que somos.*

Nosso cérebro processa a informação e atua de forma "autocorretiva", comparando, ou seja, dando resposta à diferença de informação, à medida que percorre um circuito e se transforma nele. Recebe um *bit* de informação num sistema holisticamente integrado, onde cérebro e som se inter-relacionam holográfica, recíproca e pertinentemente. Por isso, é importante compreender que *as características do sistema som-saúde-ser humano são imanentes ao sistema enquanto totalidade, e não a cada uma de suas partes.*

1. George Leonard, *The Silent Pulse*, Intercontinental Literary Agency, Londres, 1978.

A unidade total autocorretiva que processa uma informação sonora, ou, como declara Bateson, "pensa", "atua", "decide", é um sistema cujos limites não coincidem exatamente com os limites corporais, ou com os que se determinam por uma noção de *self*, si mesmo, ego ou consciência. A rede de caminhos que atravessam os fônons não está limitada pela consciência, mas se estende ao terreno do inconsciente (quer reprimido, neural ou hormonal). Esta rede tampouco está limitada por nossa "bolsa de pele", mas inclui todas as vias externas pelas quais costumam viajar os *bits* de informação sonora.

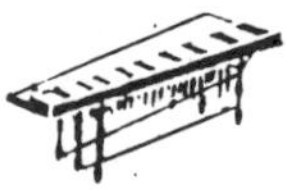

Descobrir as leis biológicas que o homem leva inscritas em sua própria estrutura é, para Roger Godel, a empresa mais elevada que a ciência pode se propor. Numa compreensão do Homem Integral, os sistemas humanos escapam à dialética cibernética, e pensar nos servomecanismos cerebrais isoladamente forma parte de um pensamento mecânico cartesiano, pois hoje, na evolução trazida pelas novas idéias, a música e a saúde respondem mais a acontecimentos holográficos ou "tendências a existir" de uma Consciência de nível superior. O cérebro do homem adulto pertencente a uma tradição cultural pode ser comparado a um ordenador utilizável para as montagens voluntárias de um "espírito-engenheiro", que parece independente do "teclado cerebral". A idéia postulada pela física dos *quanta* é a de que o espírito não se identifica com o seu suporte cerebral; é independente dele.

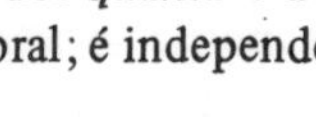

Antiga terapia

A idéia de que a música e o som podem curar não é tão nova. De acordo com Jeanne Achterberger, autora de *Imagery in Healing: Shamanism and Modern Medicine*, a música é uma das mais antigas terapias conhecidas. Costumamos considerar estes legados do passado como meras superstições, pois supomos que carecem de valor "científico", não contemplando seus paralelos e parentescos com o nosso folclore, que em todas as partes precedeu o pensamento científico. Jung ensinava a seus discípulos que estas matrizes do folclore tradicional costumam ter uma enorme importância psicológica, e quem as descarta experimenta, sem sequer sabê-lo, perdas irreparáveis. Pitágoras, o filósofo e matemático grego, ensinava a seus alunos a cantar e a fazer música cotidianamente, a fim de "se limparem" de tristezas, medos e angústias. Nos antigos templos da China, da Índia e do Tibete, a cura pela música foi uma ciência altamente desenvolvida, baseada na convicção de que as vibrações emanam de forças espirituais e criam verdadeiramente o mundo físico. Por milhares de anos essas tradições budistas e hindus usaram prolongados cantos, ritmos extáticos e padrões melódicos antiqüíssimos, para despertarem os seus centros de energia, chamados *chakras*. Lembramos que a experiência direta da realidade transcende os mundos do pensamento e da linguagem e, posto que todo misticismo oriental se baseia numa experiência tão direta, tudo o que se pode dizer a respeito só pode ser *parcialmente certo*. A música, para o pensamento hindu, está sempre associada à experiência mística e, por conseguinte, disfarça suas afirmações em forma de mitos, usando metáforas e símbolos, imagens poéticas, símiles e alegorias, pois a linguagem mítica está muito menos limitada pela lógica e pelo sentido comum. Está cheia de magia e de situações paradoxais – diz F. Capra –, rica de imagens sugestivas e jamais precisas. Segundo A. Coomaraswamy, o mito personifica a mais vizinha aproximação da verdade absoluta que se possa afirmar com palavras. Referindo-se à física atômica, Heisenberg também declara que aí os problemas da linguagem são realmente sérios: "Queremos falar de algum modo a respeito da estrutura dos átomos, mas não podemos falar em linguagem corrente." As mitologias de quase todos os países do mundo possuem figuras de deuses e semideuses aos quais se atribui milagrosa habilidade musical. Na Índia, atribuía-se à música um poder de cura, e os prodígios de Krishna, com sua voz e seu canto, são comparáveis aos de Orfeu. A escala sonora tinha sete sons, na realidade sete notas com um sentido simbólico, assim como sete céus, sete planetas, sete cores, sete dias da semana. Para Sri S. Sivananda, a música derrete as rochas, arrebata, arrulha, dinamiza, eleva, inspira, fortalece, imanta e vigoriza; vibra na memória, cura enfermidades incuráveis, cativa a mente e expele as doenças; esta sai ao encontro da onda musical, ambas se mesclam e desaparecem no espaço. Nas lendas gregas, Tirteu conduz um exército à ação ao som da sua flauta; Terpandro, com um instrumento semelhante, subjuga mais uma vez um povo rebelde; Josué derruba as muralhas de Jericó reunindo vozes humanas e o som das trombetas; Anfion ergue os muros de Tebas tocando a lira; quando os piratas arrojaram Arion ao mar, ele foi resgatado pelos delfins, fascinados pela música da sua lira. De uma perspectiva que transcende a lingüística, podemos compreender a mítica paradoxal de Orfeu, aquele cujo canto "dominava os animais selvagens, detinha o curso das ondas, fazia dançar as árvores e os rochedos".

A pulsação e o som afetam por si sós os processos voluntários e involuntários do corpo humano. Inspirado nos ensinamentos de Confúcio e no do Tao Te King, Capra propõe atualmente a noção de um símbolo-som possuidor de fortes poderes sugestivos, que leva até a mente um complexo indeterminado de imagens pictóricas e de emoções (*O Tao da Física*).* Um sentido semelhante é encontrado nos textos de Aristóteles, quando ele escreve que as emoções de toda espécie são despertadas pela melodia e pelo ritmo, pois que a música tem o poder de formar o caráter, gerando, cada um dos modos musicais, um efeito diferente sobre o ser humano. Experiências psicofisiológicas demonstram que os cantos vivazes, alegres ou excitantes, não são os únicos que possuem uma influência estimulante no organismo. Músicas de características diversas (lentas, suaves, "tranqüilas") produzem mudanças fisiológicas similares e, em alguns casos, como com a *new age music*, ainda maiores. Este é um fato que demonstra que a qualidade fundamental da música enraíza mais no som do que nas relações estruturais ou em seu simbolismo conotativo. Um canto de composição neutra e numa língua desconhecida – afirma J. Mursell – mas entoado por uma voz vibrante e emotiva, pode produzir no ouvinte (paciente) uma mobilização mais profunda do que o canto mais perfeito em seu próprio idioma, se este é interpretado por uma voz de qualidade harmônica sonora inferior. O tom é um fator curador.

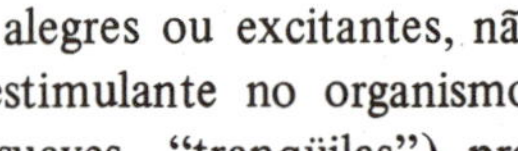

* Fritjof Capra, *O Tao da Física*, Ed. Cultrix, São Paulo.

Hoje, o som e a música já foram reconhecidos como elementos poderosos para facilitar uma saúde plena. Toda espécie de música – de clássica a folc, de *new age* a rock – é usada em hospitais e instituições ao longo dos Estados Unidos (Hospital Beth Israel de Boston, Mount Zion Hospital de San Francisco, Hospitales Kaiser Permanentes da Califórnia, Hospital Hahnemann de Filadélfia, etc.) para reduzir o *stress* da cirurgia, para diagnósticos diferenciais, em psiquiatria e musicoterapia, terapias familiares, e para estimular comunicação não-verbal em todo tipo de pacientes. Não, as enfermeiras não dançam ao som de um batuque enquanto escutam música ambiental, nem os médicos operam um coração entoando uma ópera de Verdi. A coisa não é tão singela, mas, com a ajuda de músicos de mentalidade holística e de terapeutas, a comunidade médica começou a repensar que a função da música pode facilitar a saúde, em níveis somáticos, psíquicos e noéticos.

Contexto e significado não-verbal

Trabalhar com sons e movimentos implica internar-se num universo carregado de significações ancestrais, de veículos de mobilização sem limite – como são os instrumentos musicais – e de tantos possíveis receptores quanto habitantes possui este planeta. Num contexto terapêutico, os instrumentos musicais nos abrem um riquíssimo espectro, no qual cada instrumento tem uma conotação simbólica diferente, como também a forma em que se executa. Prolongamento do nosso eu, do nosso ser interior, o instrumento que se põe em movimento projeta no espaço contextual da sessão o nosso mundo mais profundo. Num modo de comunicação transicional, que funciona num nível primário subcortical, o instrumento expressa simbolicamente a dinâmica dos nossos conflitos, de forma não-racional ou intelectual. Receptáculo projetivo desde o momento da sua eleição inconsciente, através da exploração sonora se exerce uma investigação de nossas capacidades criadoras. No contexto verbal, até o timbre vocal nos representa sempre uma personalidade básica, e, sem temor de exagerar, creio que poderíamos realizar um diagnóstico presuntivo diferencial, baseando-nos na "música" da fala.

Fazer musicoterapia é, em sua primeira aproximação, convocar as experiências de caráter lúdico do paciente, elemento que nos permite a aposta em posição de jogo, único campo em que as defesas estratificadas frente ao "outro" estão excluídas, pois no campo lúdico nada há a defender nem coisas para conquistar. Sem a lógica da razão formal, e sem motivações que transcendem a satisfação hedonista da sensorialidade, o jogo percorre um "caminho com coração", deslocando a ordem convencional da razão. Alcançada a atitude de jogo, o trabalho do musicoterapeuta é uma autêntica recuperação: recuperando o som, recuperando o corpo, recuperando fragmentos de Consciência e suas relações interdependentes, vai-se tecendo uma delicada trama de restauração do núcleo do ser, à maneira das vertiginosas órbitas com que os elétrons constroem a matéria do núcleo do átomo. E enquanto isso, a matéria canta. . .

Deforia Lane, uma musicoterapeuta que trabalha com pacientes de oncologia no Cleveland Hospital, também sente que a verdadeira capacidade de curar da música ocorre num nível intangível e não-verbal racional, numa capacidade que vai mais além da sintonização de freqüências físicas da vibração do som ou do *biofeedback*, e que tem a ver com um conteúdo emocional latente numa melodia ou harmonia determinada. Na Universidade de Cleveland, comprovou-se que *até mesmo alguém em estado de coma é suscetível de ser afetado por uma música que sintonize com o nosso interior*. Lane conta o caso de uma mulher de 35 anos que caíra em estado de coma após prolongada enfermidade. Estava completamente incapacitada de falar, e Lane lembrou-se de que ela gostava da música folc. Cantou para ela duas canções, no quarto do hospital, e a paciente surpreendeu a equipe médica quando ergueu a cabeça do travesseiro e exclamou: "Meu coração faz um nó na minha garganta." Lane sugeriu que a família da paciente gravasse uma fita cassete com canções familiares, gracejos, o timbre do telefone, das águas de descarga da toalete, etc., a fim de lhe prover constante estímulo sonoro emocional. *Ainda que uma pessoa não possa responder verbalmente* (por exemplo, num estado de coma) *pode estar capacitada para ouvir, e talvez isso seja o seu único laço com a vida* (Institute for Consciousness and Music, EUA).

A musicoterapia é um exercício sobre o comunicar-se a respeito das "espécies de inconsciência" (Bateson), uma conduta lúdica cuja função é praticar e aperfeiçoar a comunicação não-verbal. Neste sentido, *o coração da musicoterapia tem razões que a razão não consegue perceber*. Não se trata apenas de que a nossa mente consciente tenha um acesso difícil a esse material, mas sim de se somar outro fato importante para o nosso trabalho: quando se alcança esse acesso, ainda subsiste um formidável problema de tradução, pois de maneira habitual pertence aos terrenos do "infalável" ou "inomeável" (A. Korzybski). Dito de outro modo, quando um musicoterapeuta está entabulando um diálogo sonoro com o seu paciente, as operações estão em sua maioria estruturadas a partir do processo primário, enquanto os pensamentos (em especial os não-verbalizados, e daí a importância da noção de "pensamento em cenas") se expressam em processo secundário. *O discurso do processo primário na música é metafórico, pois as coisas e as pessoas não são usualmente identificadas, e o foco central do "discurso" está colocado nas relações entre elas*. O processo secundário fala de coisas ou pessoas específicas que foram mencionadas, e as une com predicados. Nas metáforas do som mantém-se inalterada a relação que "ilustra", mas substitui os termos relacionados por "fônons", sem identificar os termos relacionados concretos. O tema de um material do processo primário é relação, mas no sentido restrito de relação entre uma mesma e outras pessoas, entre uma mesma e o ambiente. A comunicação deste tipo é denominada *icônica*, e nela não existem tempos gramaticais, advérbios simples de negação nem marcas modais. Uma comunicação é icônica quando composta de movimentos parciais de intenção, que mencionam a totalidade da ação a que se está referindo. Um paciente não pode mencionar o objeto que deseja e, por conseguinte, produz um som determinado – que contém um parcial de informação *negativa* ou *positiva*. Assim, como quando um animal entabula uma briga simulada para comunicar a outro, "não pelejarei", um paciente pode nos mostrar sua violência no som, para nos dizer algo referente a isso (sei que posso te maltratar, mas não pretendo fazê-lo), ou pode apelar através de um arrulho infantil à dependência materna, e, de nossa parte, podemos interpretar a sua necessidade de carinho. Estes exemplos são para demonstrar que o conteúdo do processo primário posto em jogo é, num sentido evolutivo, muito arcaico, muito mais do que nas operações da linguagem consciente. Por exemplo, este livro –

pelo núcleo temático que propõe – deve necessariamente processar dados em diferentes níveis de informação, a partir de uma rede de fenômenos concomitantemente indiretos e icônicos, que obrigam o leitor a acomodar continuamente o seu sistema secundário de pensamento. Posto isso, quer dizer que as verdades parciais da consciência (não consciência num sentido espiritual noético, mas de uma perspectiva cartográfica) são sempre uma distorção na verdade de uma totalidade maior. Deste modo, quanto mais abrimos o espectro das idéias, mais perto estamos de uma percepção integradora do fenômeno total. *Definir algo é fazê-lo mediante a sua relação com outras coisas, e não mediante o que supostamente é em si mesmo.*

Quer se trate de sons vocais, quer instrumentais, na relação terapêutica estabelece-se uma ponte de comunicação pré-verbal, arcaica, concreta, que pode chegar a confrontar as discrepâncias entre o feito, vivido, dito e expressado. Em *Kinesiscs and Context*, Ray Birdwistell comprova que 75% de toda comunicação são não-verbais e que, quando há duas ou mais mensagens de níveis diferentes e simultâneos, o sujeito crê na linguagem não-verbal e não atende às palavras. *Quando o terapeuta é congruente entre o que diz e expressa através da linguagem verbal, a mensagem vocal ou corporal, o som de seus instrumentos e/ou outros referentes do processo primário, o paciente percebe essa harmonia e se expressa mais profundamente, sem barreiras de desconfiança que obstam a terapia.* A. Scheflen (1976) demonstrou isso num estudo fílmico, *Human Territories*, constatando que, como um regente de orquestra, o terapeuta parecia regular a comunicação com seus gestos, com sua atitude, sua posição, mais além do conteúdo literal de suas interpretações. Em sessões de musicoterapia, muitas vezes um paciente "muda" a partir do momento em que empunhamos certo instrumento ou nos sentamos de determinado modo.

O homem é uma totalidade e, por conseguinte, comunica-se com o mundo através de inúmeros canais que emitem e recebem *bits* de informação, sinais e mensagens, "diferenças que importam" – escreveria Bateson – em forma simultânea e de maneiras conscientes e inconscientes.

Apesar de este modelo poder nos parecer condutivo, serve-nos ainda para começar a situar-nos na multiplicidade de fenômenos ambivalentes pelos quais atravessa o processo de psicoterapia. A parte visível de uma mensagem, a melodia das palavras, o contexto de uma informação, são parâmetros que determinam a sua funcionalidade e o seu sentido. Muitas vezes, a "forma" de uma mensagem (sua entonação, pulsação rítmica, intensidade, cadência dinâmica) é percebida com anterioridade ao "conteúdo". *O contexto determina a diferença*, o marco de referência circunscreve a relação, a "*nomeia*", como diria Lacan. *Desprovidas de contexto, as nossas palavras, ritmos ou ações carecem de significado.*

Visão binocular

Um conceito fundamental, dentro do que desenvolvemos como modelos para uma relação terapêutica, é aquele que determina que *uma relação é sempre o produto de uma dupla descrição*. Pode até parecer uma citação trivial lógica, mas habitualmente supervisiono terapeutas que, apesar de contarem com vários anos de experiência clínica, ainda se referem à "agressividade" de certo paciente, à "conduta dependente" de outro, ou à "passividade" de sua função coordenadora num grupo de terapia. Devemos pensar nos dois extremos de uma interação como dois olhos, cada um dos quais contribui com uma visão monocular do que acontece, e juntos conformam uma visão binocular. *Esta dupla visão é a relação*. Algo semelhante poderia ser exemplificado com a música; por exemplo, se procurássemos isolar uma voz de uma orquestra e pretendêssemos compreender o fenômeno total da obra apenas a partir da linha desse instrumento. Não tem sentido falar de "agressividade", "dependência" ou "passividade" de uma pessoa individual, pois devemos afirmar-nos de maneira clara a primazia e prioridade da descrição do modelo de relação, já que este ocasiona uma nova ordem de informação em profundidade (*a visão monocular é sempre superficial*), bem como um novo modelo de compreensão que implica a aprendizagem dos contextos determinantes de uma inter-relação, sua dependência como sistemas interconectados, inseridos em estruturas de contenção e capacidades maiores. A visão monocular determina o funcionamento sob modelos físicos obsoletos, com a presunção da existência de observadores não-participantes excluídos de uma descrição científica. *Observando com uma visão binocular, nunca encontraremos, em musicoterapia, categorias de comportamentos mas categorias de organização contextual do comportamento.*

A informação sonora "fala" do contexto, num tipo de modelo lógico de aprendizagem. E só pode ser escutada, observada intimamente, participando. Nunca, apenas observando.

Mensagens e sinais

Existem quatro situações-padrão, determinadas por contextos não-verbais que costumam ser as mais habituais dentro das sessões de musicoterapia.

1) Pode ser que o emissor e o receptor tenham *em comum um código simbólico*, que utilizam de forma consciente ou inconsciente. A mensagem é facilmente decifrada pelo decodificador, e compreendida, utilizando-se uma cifra ou código que já se possui de antemão.

2) Neste segundo caso, *o sujeito receptor* (paciente ou terapeuta) *ignora o código da mensagem*. Tem de extrair da mensagem a sua significação e o seu código, decifrá-lo, a partir de um duplo processo:

– registrando a freqüência de aparição dos sinais no código;

– descobrindo a redundância dentro dessa mensagem, a repetição de sinais.

Por exemplo, diante de uma indicação do terapeuta, o paciente deixa cair as mãos pesadamente na pele do tambor. O paciente talvez tenha golpeado o instrumento para expressar um desacordo, ou um acordo com a indicação; talvez, "casualmente", tenha deixado cair as mãos nesse momento, por torpor ou inabilidade; pode ser que o paciente tenha executado esse ato com outro sentido.

Somente mediante um jogo de conhecimento da freqüência na chave da mensagem, mediante ensaios e erros sucessivos, a partir da percepção da redundância na informação, pode o terapeuta decifrar essa mensagem sem incorrer em precipitações ou projeções massivas, sempre apontando para uma visão "binocular" contextual determinada pelo marco de referência da sessão.

3) Nesta situação freqüente, duas noções novas intervêm: "*fuga corporal*" e "*mensagem inconsciente*". O emissor envia uma mensagem em forma inconsciente, mas que pertence a um código conhecido, pelo menos intuitivamente. *A mensagem é decodificada pelo receptor graças ao aparecimento de uma "fuga não-verbal"*.

– O terapeuta pergunta ao paciente se viu recentemente certa pessoa. Este enrubesce. O terapeuta observa ("participa") e traduz "relação afetiva com essa pessoa, de intensidade emocional", apesar de a mensagem ter sido involuntária e não-verbal simbólica.

4) Este padrão de funcionamento é muito comum nas sessões. Há um emissor que envia uma mensagem inconsciente – tomada do código geral consensual de comunicação não-verbal –, mas *o receptor só recebe essa mensagem de modo subliminar, não o fazendo conscientemente*. O interessante aqui é comprovar o fato de que, apesar de a mensagem não poder chegar de forma clara à consciência, influi do mesmo modo na relação terapêutica. O habitual é o bom terapeuta, com uma atitude não-verbal inconsciente, empatizar com o receptor, "entrar em sintonia com a sua freqüência de sinais", informando-o de que a sua mensagem foi registrada.

É bom lembrar que a comunicação humana é total e se desenvolve por vários canais, mensagens e sinais, emitidos consciente e inconscientemente, podendo ser recebida pelo "destinatário" ou qualquer outro receptor, mas, fundamentalmente, determinando um contexto, uma relação que envolve e contém uma pauta formal.

Os sistemas de informação não-verbal são particularmente claros nos modelos de relação estudados em nossas *entrevistas familiares*. De acordo com a Escola de Palo Alto (Califórnia), acredito que um sintoma sempre é um "sintoma familiar" e não identifico o desequilíbrio com o portador emergente, chamado "paciente identificado". Talvez, um dos fatores decisivos da recuperação daquela paciente em estado de coma da musicoterapeuta Lane, tenha sido a inclusão da família como parte ativa do tratamento. Depois de quatorze anos de trabalho em experiências comunitárias de tratamento com pacientes psicóticos e doentes graves, sempre cuido de incluir entrevistas de musicoterapia com o grupo familiar, no qual trabalho sobre as inter-relações no sistema. O que causa a enfermidade não é o viver em família, mas sim "como" se vive em cada família. O "como" alude aos modelos de relação e comunicação e a seu eventual enrijecimento. Este enrijecimento se torna uma reiteração patológica dos papéis ou funções que cada qual desempenha na obra familiar. Através dos recursos sonoro-musicais, investiga-se como cada membro da família atua em relação com os demais, como se "situa" e o que representa o seu movimento e repercussão no marco familiar.

Sempre *podemos pensar na estrutura familiar como um complexo rítmico que mantém um equilíbrio dinâmico;* cada família varia a sua trama rítmica e, dentro de cada orquestra familiar, *cada integrante do sistema tem uma pulsação diferenciada, um sub-ritmo em contraponto simultâneo*. Dentro de cada um de nós, os diferentes ritmos são regulares e característicos; se isolamos uma célula detectamos uma pulsação que coloca em evidência o fato de que os fatores biológicos que nos diferenciam de outra pessoa começam muito cedo, para sermos mais exatos, a nível celular, com ritmos de interação, multiplicação e diferenciação. Todas as pautas rítmicas de um ser humano se condensam numa única função de onda particular e individual. No sistema familiar, cada membro e o seu concatenante rítmico se fundem e condensam uma pulsação grupal, determinando *anacronias ou sincronias interacionais (Condon), que em códigos de relação não verbalizados expressam o modelo de forma e patologia da relação*. Através dos instrumentos musicais, o ritmo e os diálogos sonoros, das sonodramatizações, buscamos as regras de relação de cada família que, através da sua estereotipada repetição, suportam o equilíbrio e inibem e desqualificam novas formas de encontro. Numa entrevista de musicoterapia familiar, não se fala a respeito deste ou daquele fato, mas, através da ação concreta, o sistema desdobra as suas premissas de funcionamento, e isso permite ao musicoterapeuta operar sobre este, com uma interpretação operativada numa ordem, que, numa primeira instância, aponta para um "fazer" diferente *versus* um "dizer" diferente. Dito de outra forma, *a terapia constitui uma intenção de modificar os hábitos metacomunicativos rítmicos do sistema, criando um jogo de regras diferente para formar e compreender as mensagens*.

Harmonizando-nos

Durante a década de 30, o cientista Hans Jenny concebeu uma importante visão do poder do som, fazendo vibrar matéria inorgânica – plásticos, metais, pós, líquidos – sobre discos metálicos. Enquanto Jenny manipulava o seu sistema de som, a matéria inorgânica adquiria uma profusão de formas que iam, desde espirais que se esfumavam, a anéis concêntricos semelhantes aos das árvores, a estrelas marinhas pentagonais. Estas incitantes descobertas, que refletem a capacidade do som de criar formas físicas reais, a partir de formas inorgânicas ou orgânicas, foi o ponto de partida para que o osteopata britânico Peter Guy Manners desenvolvesse a *terapia cimática*, na qual *o som é aplicado diretamente para curar*. Baseado na teoria de que cada parte do corpo vibra ressoando com certas freqüências, Manners inventou um instrumento cimático que transmite a "correta freqüência da saúde ao órgão enfermo". Esta teoria, que já se aplica com grande eficácia, concebe o organismo humano como um complexo acorde, no qual *cada órgão possui um tom de afinação determinado*; restaurar a saúde desse órgão é restituir-lhe a sua correta "afinação", vibração que é medida por freqüências de movimento da onda sonora. Acaso não usamos amiúde o termo "estar harmonizados", quando alcançamos um determinado estado de afinação ou plenitude psicofísica? Encontram-se representados na coluna vertebral humana tanto os instrumentos de sopro quanto os de corda. A coluna é como uma flauta, cujo som flutuante é a medula espinhal, que sobe e desce com a atividade cerebral, a pulsação do coração e a respiração. Esta verdadeira coluna de luz e som vibra quando a energia vibratória flui através do corpo humano. O termo energia provém do grego *energes* – ativo – e *energes* provém de *ergon* – obra. A etimologia assinala que energia implica atividade.

Através da nossa coluna vertebral experimentamos as diferentes reações provindas do cérebro, que se bifurcam nas ramificações nervosas surgidas na coluna a intervalos determinados e regulares. Esses intervalos foram medidos e descem em progressão harmônica, como se o som de cada vértebra seguisse uma escala descendente. Theo Gimbel, um pesquisador da escola de R. Steiner, sugere o intervalo de quinta diminuta para a primeira vértebra cervical; a quarta, para a segunda e a terceira vértebras; a quarta diminuta, para a quarta vértebra; a terceira menor, para a quinta e a sexta; e a segunda, para a sétima cervical. A partir da análise dos parciais harmônicos de um organismo, pode-se inferir a tônica ou nota fundamental de um indivíduo, explicando o sentido do uso de certas notas ou escalas determinadas em culturas que associavam poderosamente o som e seus efeitos com o ser humano e a natureza circundante. À maneira de simples ressonância eletromagnética, as diferentes notas da escala musical do sistema pitagórico ativam determinadas zonas do organismo. Avalio que o Dó se relaciona com a glândula pineal, o Ré com a hipófise, o Mi com o plexo cardíaco, o Fá e o Sol com o plexo solar, o Lá com o plexo hepático e o Si com a região sacra. Musicoterapia cimática?

As relações musicais são as autênticas relações fundamentais da Natureza.

Novalis, 1326 (V)

Um novo caminho: programas musicais

Os médicos tradicionais olham geralmente receosos para estas provocantes proposições; muitos, porém, estão descobrindo que o som organizado, em outras palavras, *a música, pode facilitar a medicina*. Na Universidade de Massachusetts (Medical Center de Worcester) os pacientes podem "reduzir suas tensões" com música *new age*, que acompanha, como música ambiental, cinco vezes ao dia, todos os pacientes. Este programa, aparentemente ingênuo, foi criado por John Kabat Zinn, diretor do programa de *relax* e redução de *stress* hospitalar, e combina esta "técnica auditiva" com princípios de meditação. O programa ensina igualmente os pacientes a prestarem atenção aos seus movimentos, aos seus padrões de respiração e aos seus pensamentos, assim como à possibilidade de conservarem um bom estado através de afirmações ou mentalizações positivas. Impressionados com os resultados alcançados, particularmente com as informações das enfermeiras – que dizem ser chamadas com muito menor freqüência durante a noite (e todos os que fazem plantão noturno nos hospitais sabem o que isso significa) – começou-se a prescrever este programa musical em lugar de medicamentos tranqüilizantes, nos casos de dores crônicas.

"Cuidamos de ensinar os pacientes – conta Kabat Zinn – a se relacionarem de outro modo com o seu *stress* e ansiedade, enquanto jazem numa cama de hospital. Além disso, eles descobrem que é uma habilidade que podem levar para casa. Por exemplo, se um paciente desperta de madrugada com alguma dor pode "sintonizar-se" com este veículo de *relax*, deslocando a dor, enquanto acompanha o fluxo da música (é bom lembrar os antigos mitos citados anteriormente neste capítulo)." Kabat Zinn, que também dirige um programa de oito semanas de "redução da tensão", usa a música para ensinar as pessoas a ouvirem de uma maneira despreconceituosa, atitude que acredita crucial para a cura. Aprendendo a ouvir cada nota tal como se recebe, sem formular juízos nem pensamentos racionais, para escutar o "espaço" entre as notas. Esta musicoterapia elementar – como ele a define – ajuda a aliviar o sofrimento e a tomar consciência das mudanças produzidas no organismo momento a momento. Neste hospital, descobriu-se que a consciência do momento presente ajuda as pessoas a se relacionarem de outra forma com a sua dor, com o seu sofrimento.

Dor compreendida

Os sons que escutamos são nossa criação; toda experiência é subjetiva, temos consciência dos produtos dos processos de percepção, mas os processos são inacessíveis. Acreditamos no que dizem os nossos sentidos, mas, na realidade, é o cérebro que fabrica a imagem que acreditamos perceber objetivamente. A experiência do interior está repartida por órgãos sensoriais e vias neurais; a imagem sonora que acredito escutar é criação minha e existe numa relação indivisível comigo. Assim como sou meu organismo, também sou, num sentido mais amplo, tudo o que me rodeia. Um implica a existência do outro, e a nossa relação com o mundo é abertamente transacional. *Eu sou os sons que me circundam, tanto quanto a aflição que me habita.*

A "dor compreendida" e a forma de "combatê-la" tem sido o tema de maior preocupação da medicina e, possivelmente, a dimensão mais problemática da enfermidade seja a experiência de dor. A partir de uma perspectiva mais transpessoal, não tão caracterizada pela contradição e pelo conflito, a Consciência abarca a totalidade do prazer como a da dor, e acreditamos que esforçar-se para conseguir o prazer, excluindo-se a experiência "a todo custo" dolorosa, é no fim de contas esforçar-se por perder a Consciência. Diz Watts que a perda da Consciência equivale à morte; portanto, quanto mais lutamos pelo prazer ("a vida") tanto mais matamos aquilo que verdadeiramente amamos.

Dentro do campo da medicina tradicional, *a dor pode ser considerada como uma constelação de efeitos secundários, que inclui tensão física,* stress *emocional, depressão, perda de comunicação fluida, um desordenado sentido do tempo e uma classe limitada de mobilidade.* Os investigadores descobriram que os efeitos da mudança em qualquer destas áreas pode transformar sensivelmente a imagem de si-mesmo do paciente e o seu enfoque do mundo, alterando, em conseqüência, a sua própria visão holística da dor (J. Ryley, W. Tassura, Dan Folgt).

Larry Dorsey, em seu livro *Space, Time and Medicine*, sugere que *a nossa percepção da enfermidade* e, em particular, da dor, *está entranhavelmente ligada à nossa percepção do tempo.* A pessoa que experimenta dor convive com um contraído e um constrangido sentido do tempo. "Quando há dor – escreve Dorsey – os minutos são horas, os dias são semanas", e já que o sentido do tempo é restrito, a experiência da dor – em nossa conduta ocidental de evitar o pólo negativo e buscar o prazer imediato – é amiúde magnificada muito mais além do que pareceria adequado. Quando um ouvinte se "sintoniza" com a pulsação do som, no tempo da música, imerso no fenômeno envolvente melódico e harmônico, na variação das cores tímbricas e na circularidade dos ritmos, sucede que a atividade física – a atividade do coração, a pressão sangüínea, o sistema neurovegetativo – começa a sincronizar-se com esse fluxo musical. Este processo chama-se *empatia*, um fenômeno amplamente descrito pela física e a biologia, em que dois pêndulos ou células em movimento alcançarão com o tempo um *acionar paralelo*. Seja o tempo da música rápido ou lento, um ouvinte sente a expansão do tempo ordinário, enquanto aguarda um jogo de percepções psicofísicas diferentes daquelas conectadas com a sua dor.

Tocando o espírito

Um princípio que tem guiado o caminho harmônico da musicoterapia é aquele que sugere que o som resultante do ato expressivo funciona como *espelho do interior*, comunicando-o desprovido do mascaramento defensivo habitual das palavras.

Apesar de ter composto e gravado inúmeros discos, em que a proposta sempre foi criar uma música que harmonizasse com o nosso interior e pudesse transmitir harmonia e serenidade, como terapeuta inclinei-me mais para um âmbito essencialmente ativo, no qual o paciente (sem conhecimentos musicais prévios) possa criar os seus próprios sons e ser o artífice do seu tratamento. Minha tarefa é canalizar e resgatar esse produto musical – simplificador dos conflitos e de suas dinâmicas – para levá-lo a outros planos de elaboração consciente.

Em todo enfoque terapêutico existe uma série de técnicas de aproximação específicas, e na musicoterapia utilizam-se o som e o movimento expressivo como modo de relacionamento interpessoal. Improvisações com instrumentos, jogos sonoros, explorações de sons, descodificações não-verbais, palavras, sonodramatizações, podem estabelecer uma ponte de conexão e um espaço de elaboração em níveis psicológicos, somáticos e/ou transpessoais.

Nos dois últimos anos, gerou-se uma corrente alternativa de música – *new age music* – que, apesar de não ter nascido aparentada com a musicoterapia, começou a produzir uma "música para a saúde" ou a harmonia interior, redescobrindo um sentido esquecido no fenômeno musical: explorar a harmonia do Universo e um estado de Consciência puro, implicando o músico em sua totalidade, como unidade global funcional, superando a vivência partida e fragmentada da realidade.

Nova Era (*new age*) é a expressão que foi generalizada em todo o mundo para definir as pessoas, idéias, hábitos, alimentação, comunidades alternativas e correntes holísticas de saúde que buscam um novo estado de consciência que define o terceiro milênio, a passagem de Peixes para Aquário. Do mesmo modo que os hábitos, a alimentação e os paradigmas vêm se transformando, mudando, a música também se desenvolve e evolui, compassando esse novo estado de consciência universal. A música da Nova Era é um resultado natural desta corrente que flui sem fronteiras – *aquela que toca o nosso espírito, o nosso interior*.

Sobre recentes descobertas em medicina, bem como através de experiências pessoais em disciplinas meditativas, espirituais ou de autoconhecimento, um grande número de compositores contemporâneos e musicoterapeutas criou músicas especialmente inspiradas no descrito fenômeno físico-biológico da empatia. Um dos mais famosos é o médico S. Alpern, que gravou mais de vinte álbuns sob a designação de *Anti Frantic Alternative* (Alternativa antifrenética) e *Sound Health* (Som para a saúde). Baseada em experiências de laboratório de GSR (*Galvanic Skin Response* – resposta galvânica de pele), ondas de eletroencefalografia e fotografias Kirlian, sua música é utilizada no Hospital Beth Israel de Boston, Mount Zion Hospital de San Francisco e nos Hospitales Kaiser Permanentes da Califórnia, com excelentes resultados.

Outro compositor, Don Campbell, um especialista internacionalmente reconhecido em psicoacústica, gravou músicas para relaxamento em geral e outras especialmente criadas para partos, incorporando latejos do coração e sons da respiração da mãe. Em seu *Crystal Meditations* as notas fluem com o propósito de harmonizar a respiração e as pulsações cardíacas a um ritmo totalmente descansado, produzindo também outros efeitos secundários relacionados.

Imagery in Healing, da autora Achterberg, professora associada na Universidade de Dallas – Texas Medical Health Center – postula que uma música nascida das raízes da emoção pode inspirar a própria *experiência de transe* invocada pelos tambores e pelos cânticos das antigas culturas shamânicas. Incorporando meditações dirigidas e provocando "imaginações" (algo muito parecido com o sonho dirigido) ela usa músicas da Nova Era para ajudar os pacientes a superarem a ansiedade das enfermidades crônicas ou catastróficas (é bom lembrar que desde há alguns anos manifesta-se nos EUA a irrupção de uma "nova patologia" denominada *panic disaster*, que pode ser traduzido como pânico pela catástrofe). Achterberg descobriu que o estado de consciência de transe é capaz de bloquear os pensamentos obsessivos do medo que anulam tacitamente a subjacente habilidade natural das pessoas para responderem a um tratamento médico. O que esses pesquisadores descobriram é que nenhum tipo ou estilo de música monopoliza a possível melhora da saúde. A música é um íntimo evento psíquico-físico-emocional, e as experiências sugerem que a música que mais nos agrada é provavelmente a melhor para nos ajudar.

Recentemente, no Centro Médico Científico do Texas completaram-se dois anos de estudo em torno dos mecanismos da dor e de como evitar a ansiedade, em crianças com leucemia e destruição da medula óssea. Enquanto são submetidas a rápidos e dolorosos exames de medula, elas escolhem uma música. As crianças costumam escolher o *rock* para relaxarem. "É que os pacientes em estado de dor profunda não conseguem responder a uma música suave", explica Paul Nolan, professor de ciências da saúde mental na Universidade Hahnemann de Filadélfia e antigo musicoterapeuta do Hospital Hahnemann. "Muitas vezes, uma pessoa que sofre uma dor extrema, precisa de música que se ajuste ao nível da sua tensão e ansiedade, com o verdadeiro propósito de efetivo 'relaxante'. Certo dinamismo na música, com fortes mudanças climáticas emocionais, em tempo, harmonia e orquestração, empatizam com as mudanças dinâmicas dos pacientes e com o seu estado de contração constante." Nolan desenvolve uma técnica com música dinâmica em psicoterapia, que se relaciona com um processo chamado *Guided Imagery and Music, GIM* (Fantasia guiada e música), criado por Helen Bonny, fundadora do Instituto de Música e Imagem de Washington. Durante a década de 60, Bonny (em íntima relação com os trabalhos de J. Lilly e Stan Grof) investigou com LSD e estados alterados de consciência, e suas descobertas a levaram a desenvolver a técnica de audição musical, num profundo estado de relaxamento que permite ao inconsciente emergir em forma de lembranças, imagens mentais e emoções.

"Sei que todos os seres humanos são iguais em todo o planeta". nos diz o músico Paul Horn. "Uma pessoa que sente que se relaciona ao nível de suas entranhas com a música compreende que esta é realmente uma linguagem do universo. Todos sabem música. Todos respondem a ela, pois todos estamos perto da fonte emocional da humanidade."

O fio da navalha

O compositor Campbell, em sua obra *Introduction to the Musical Brain* (Introdução ao cérebro musical), diz que todos somos locutores e ouvintes compadecidos. "A música pode criar um ambiente espacial onde o cérebro, o corpo e a alma se curem por si mesmos."

Ouvir (escutar) e responder às mensagens do mundo exterior são as duas faces da cura pela música. Se alguns doutores tradicionais – diz Campbell – ainda estão incapacitados para compreender a dinâmica holística deste processo, outros estão no "fio da navalha", acompanhando entusiastas a exploração deste acesso interdisciplinar para a prevenção e reabilitação em medicina.

A música e sua relação com o ser humano é uma experiência subjetiva, mediada por determinados órgãos sensoriais e vias neurais, mas, apesar disso, podemos inferir uma série de conhecimentos que nos ajudarão na compreensão dos alcances do som e de sua melhor utilização com um fim previamente determinado. A expressão musical, de uma interpretação científico-natural, provém das próprias profundezas da matéria viva, numa busca de identidade universal. Para além dos confins das palavras, isso só pode ser definido como espiritualidade. A música confirma o fato de que o vivo possui sua própria linguagem expressiva mais além de toda linguagem verbal e independente, e que funciona amiúde como defesa estratificada.

O *slogan* do *Programa de música e medicina*, fundado no ano passado na Universidade de Medicina de Louisville, e que pesquisa as implicações físicas, emocionais e esotéricas neste campo, já o diz claramente:

> "ATENÇÃO. . .
> OS MÉDICOS E TERAPEUTAS ESTÃO ABRINDO LENTAMENTE SEUS OUVIDOS."

PRELÚDIO À INOCÊNCIA

As percepções e o assombro da infância, um território a ser recuperado pelo adulto.

O país de meus filhos

"Tornam-se estranhos e provocam-me o riso esses contemporâneos para os quais outrora o coração me impelia; e estou exilado das pátrias e das terras maternais. Assim, o único que amo é *o país de meus filhos, o inexplorado*, no mais longínquo dos mares: esse é o país que lhe ordeno buscar e buscar minha vela." O país a que Zaratustra assim se refere é o território da inocência, o mundo da espontaneidade e da graça que todos possuímos – ou já possuímos uma vez – e que por um motivo ou outro acabamos por perder.

Costumamos evocar a imagem do sábio comparando-a com o modelo do menininho que, imerso em seu derredor, juntamente com este se desloca; e isso é assim porque o menino ainda conserva um estado de candura não danificado prematuramente que impregna cada um de seus atos de força emocional. Quando uma criança olha pode ver, quando ouve é capaz de escutar e quando toca, cheira ou canta, brinca e sente cada coisa que faz. Explora, investiga, revolve, desarma, questiona, pergunta, cria e se bate contra a imobilidade. Em grande medida, uma criança sadia, um ser inocente, faz com a sua vida o que o artista ou o terapeuta faz com a sua obra ou o seu trabalho: cria uma nova realidade que questiona a ordem lógica da razão e restaura a ordem natural da sensualidade.

Se quisermos aprender alguma coisa, devemos nos sentar com crianças pequenas perante os fatos – diz-nos o biólogo T. H. Huxley – e preparar-nos para abandonar qualquer noção preconcebida.

Tornar a olhar com olhos de criança, tornar a escutar com ouvidos de criança, não implica de modo algum renunciar ao crescimento; o olhar inocente é sábio porque intui a essência das formas, vê a outra face das estereotipias e revela novas realidades, mais além das racionalizações e deduções que nos costumam afligir. Um paciente me comenta que levou o filho a passear na estação terminal Retiro, para ver os trens, e ficou surpreso de ver quantos havia. "Eram muitos e diferentes; e eu, apesar de passar por ali todos os dias, nunca os tinha visto." Com os olhos de seu filho, ele se colocou num plano diferente de contemplação e pôde "descobrir" que jamais se incluía no cenário da vida: olhava-a de fora, sem vê-la, como um autômato. "Não sabia que os trens tinham cores, eu os via em preto e branco."

Só um coração vazio, inocente, *pode albergar o espaço para conter um novo conhecimento que comprometa a nossa totalidade, a nossa Consciência*. Recuperar a inocência é também recuperar a capacidade de surpresa e de assombro, dois elementos vitais para a aquisição de conhecimento. O homem simples é *tal como é*; sem se propor um modo particular de ação, sente-se livre, pois não pretende ser nada nem ninguém em especial. Simplesmente é. Sabiamente é.

Só quando alguém se sente livre de crenças limitadoras há simplicidade e inocência. "O peso do saber embota a mente", costumava repetir Krishnamurti. Embotam-na do mesmo modo o passado e o futuro. Só uma mente capaz de se adaptar continuamente ao presente, aprofundando as suas raízes no passado, pode fazer frente às poderosas influências e pressões que o meio exerce constantemente sobre nós.

Pensando em mim, quando crio uma nova música, componho uma situação dramática num grupo terapêutico, ou me sinto – como agora – a "fazer ritmo" sobre o papel com a minha velha máquina de escrever (para que esse percutir descubra os meus pensamentos), sempre busco a terra da inocência. Busco aquele menino que, aos sete anos, explorava os sons de sua guitarra que o duplicava em tamanho, e se perdia num mundo novo.

Busco. . .

E quando faço o que amo, intuo que vou *pelo caminho*.

Podemos ser as crianças que somos,
podemos criar novas coisas,
podemos fazer magia,
podemos curar,
podemos pesquisar,
podemos jogar o jogo mestre. . .
esta total reestruturação e transformação
de que necessitamos para ter um mundo mais abundante e mais humano.
Não temos de esperar,
podemos ser os nossos próprios filhos.

Marilyn Ferguson

O ECOSSISTEMA HUMANO
(por Carlos e Gabriela Fregtman)

Falamos de psique e soma, de corpo e mente, da área psicológica ou filosófica, mas deixamos de lado um terceiro nível – o nível da Consciência – *que subordina os anteriores.*

A partir de uma concepção ecossistêmica do homem, desenvolvemos com os nossos pacientes e alunos a consciência de que todo processo de mudança implica um compromisso que vai *mais além do âmbito pessoal*. Para isso, é necessário trabalhar de maneira sincronizada em três níveis de evolução; o acesso à unicidade requer do trânsito inter-relacionado por *dimensões orgânicas* (bloqueios, função do sistema nervoso, centros de energia, articulações, hábitos de alimentação, estruturas de pulsação ou ritmo interno, movimentos, etc.), *níveis psíquicos* (que compreendem a elaboração psicodinâmica do conflito, resistências, inibições, bloqueios "caracteriais", etc.) e *dimensões noéticas ou de Consciência* (transcendência imanente do Ser).

O espírito do Universo reside no coração de um sábio mestre, de um bom terapeuta ou de um instruído jardineiro. Todos sabem que, em atendendo a raiz, podem curar a totalidade do ser a quem assistem. Tal é a função da Consciência.

A roda da vida

O atual conhecimento científico do homem e a sua relação com outras manifestações do universo total permitem abordar o crescente problema humano em termos energéticos e encarar uma possível solução em termos de funções, em conformidade com leis de verificação experimental.

O conjunto energético ser humano foi considerado durante muito tempo como uma "dualidade psicossomática". A zona psíquica e o terreno orgânico constituíram-se em dois portos alternativos onde se amarravam as naves do pensamento e do desenvolvimento conceitual do Ocidente.

Nos últimos anos, esta dualidade transformou-se em aparente "unidade funcional" e surgiram os hierarquizadores de uma ou outra polaridade. Descobriu-se, assim, que uma desarmonia orgânica coadjuva uma estrutura psíquica em conflito, e vice-versa, uma agitação emocional-ideativa encadeia-se com uma perturbação fisiológica.

Existe uma *lei biológica de subordinação funcional*, que estabelece que o controle é exercido a partir de um nível superior (neste caso, o psíquico), apesar de as interferências operarem em ambos os sentidos. O controle manifesta-se de cima para baixo, de tal modo que *a atividade de um nível superior em evolução incide hierárquica e automaticamente no nível inferior ou subjacente*.

O panorama atual nos apresenta um ser humano psicossomaticamente agitado, repercutindo de forma lateral através de graves desordens psicossociais ao enfrentar-se com outros egos, e numa situação difícil de reverter.

Cremos que chegou o momento de reformular a nossa estrutura energética, de revisar os nossos erros epistemológicos e de construir um novo esquema referencial do homem adequado aos modernos avanços científicos no campo da microfísica, da teoria dos sistemas e da física quântica, assim como ao redescobrimento de antigos esquemas psicofilosóficos mais abrangentes do acontecer humano e provenientes de antigas e distantes culturas.

Contraponto da alma

Podemos entender a manifestação do ecossistema humano como uma estrutura sistêmica composta, não de dois — como habitualmente se pensa — mas *de três níveis que possuem uma certa hierarquia e se comportam de acordo com uma lei biológica de integração e subordinação de funções*.

Falamos de corpo e de mente, de psique e de soma fisiológico e psicológico, mas deixamos de lado o terceiro nível, que subordina os anteriores: o nível da Consciência.

Esta *gestalt tripartida* possui uma *unidade funcional indivisível*. O nível *noético* (do grego *nous*, espírito) da Consciência subordina o aspecto psíquico e este, por sua vez, subordina o plano somático. Cada nível representa uma configuração energética singular, e existem canais e centros que atuam como possíveis vias de acesso e de passagem de um nível a outro: os centros de energia.

O plano da Consciência pode representar a função *estruturante* do sistema humano.

Na nossa civilização ocidental, dado o seu processo de evolução, não podemos preconizar o alcance de um estado superior de consciência apenas com a prática integral de disciplinas orientais; estas práticas, mesmo tendo favorecido a evolução consciente de certos indivíduos, funcionam dentro de padrões culturais específicos e com seres com outra conformação biopsicodinâmica. O nosso pensamento científico e a visão dos sábios da Antigüidade coincidem num fato essencial: *a Consciência é primordialmente uma função da atenção*. A simples presença consciente, a atenção permanente, deriva numa estabilidade mental e na sua conseqüente concatenação biológica.

Evolução da Consciência

É importante separar a noção de Consciência da área do psiquismo — qualidade consciente da mente — e conhecer o nível de autonomia da mesma no desenvolvimento onto e filogenético.

A recomposição da trama energética do ser singular atravessa momentos de dissolução crítica similar à evolução da espécie. Compreender a forma de encarar um processo de recuperação, descobrimento ou terapia, mais além da rede pessoal, abordando a consciência holonômica, é resgatar a função do essencial noético em cada momento evolutivo do crescimento humano.

Este crescimento atravessa quatro momentos: *perceptivo, ativo, afetivo e intelectual* e, nos casos em que a possibilidade criadora não foi restringida, este crescimento não se detém. Isso acontece com a criança e também com a evolução da raça humana, e já Gesell – de acordo com Jung – assinalava que *onto e filogênese se correspondem*, relacionando o crescimento da criança com os estágios evolutivos da raça. Isso tem uma importância vital para a compreensão do desenvolvimento formal sonoro-musical nos processos de restauração e reabilitação terapêuticos; os sons de cada pessoa também são os sons de uma história muito maior que a contém – transpessoalmente – ativando ressaibos de seu ser primordial-primitivo, bem como sementes de processos de cura inscritas nas matrizes coletivas da espécie.

Vejamos o que significa a superação das barreiras do ego, o "mais além da síntese", revisando os estágios de evolução do homem e a inscrição da Consciência nos mesmos, como nível ativador superior em caráter de "absoluto" noético.

No período *sensorial* – os cinco ou seis primeiros anos de vida –, a criança não atua sem sentido, mas fixa a sua consciência na *atividade perceptiva*. As outras funções se subordinam à função central. Nesta etapa, o contato e a sensação revestem-se de um valor determinante na evolução da estrutura psicológica, no pensamento e na palavra. Só existirá esclarecimento verbal quando as palavras coadjuvem percepções psicologicamente sólidas.

A criança confere a cada imagem sensória o caráter de absoluto, projeta vida nos objetos, do mesmo modo que os primitivos animizam rios ou montanhas, e busca informação nas relações com os outros através das suas sensações.

Já aos seis ou sete anos, a sensação subordina a *função motriz*. *O foco é a ação*, a utilidade; os objetos relacionados com as ações são desdobrados em todas as suas possibilidades. A profusa imaginação em atividade organiza-se e a ação é em si o "absoluto". Este período é o tempo do mundo mágico, do clã ou grupo social: *a criança desenvolve a sua condição dramática*.

As relações do meio em que a criança vive vão evoluindo para o *intercâmbio afetivo* e, por volta dos doze anos, a emoção de raiz orgânica é substituída pelo *sentimento*.

Na juventude, a Consciência vincula-se à *atividade intelectual*, e a análise potencializa-se com o nível de afetividade que o jovem pôde desenvolver. Emoção e pensamento estimulam-se reciprocamente numa evolução sadia, e surgem os processos de síntese do intelecto: as categorias da mente.

Nesta etapa do desenvolvimento da Consciência, e de acordo com o nível de experiências atravessadas, o homem pode superar as barreiras do intelecto e penetrar nos confins da Consciência totalizadora.

Para além das instituições, de grupos ou de organizações, a Consciência superior é a manifestação do universal. Só atravessando e superando esses níveis é possível a vida na região da Consciência (sensorialidade, percepções, motricidade, ação, afetividade, intercâmbio social, atividade intelectual, pensamento, espiritualidade). Uma pessoa instalada num nível evoluído consciente pode compreender os que se "encontram em baixo" (Bachelard), mas o caso inverso não é factível. Alguém que vive ancorado em suas racionalizações analíticas (nível intelectual) acha-se impossibilitado de entender quem professe a Consciência universal, assim como quem transita o nível percentual sensorial-motor não compreende o processo mental intelectual. Nenhuma dessas etapas prevalece sobre as demais ou é mais "importante" do que a outra; somente a ação integrada de todas elas permite ao ser humano desenvolver plenamente todas as suas potencialidades.

Processo de formação

Considerando o homem como uma estrutura tripartida, *o modelo da evolução cósmica se manifesta como processo total na evolução psíquica*. Cada etapa evolutiva contém uma conformação de ordem superior mas sutil e completa, que, como síntese unificadora, se desprende, diferenciando-se da etapa de ordem inferior que a antecede. *O sistema de ordem superior penetra a Consciência, e o si-mesmo identifica-se com ele.*

Em cada ponto do crescimento psicológico – assinala Ken Wilber – encontramos as seguintes fases:

1) Uma estrutura de ordem superior surge na Consciência.

2) O *si-mesmo* identifica o seu ser com essa estrutura.

3) Quando emerge a seguinte estrutura de ordem superior, o *si-mesmo* se des-identifica da estrutura inferior e desloca a sua identidade essencial para a estrutura superior.

4) A Consciência transcende a estrutura inferior e se torna capaz de operar a partir da estrutura de ordem superior sobre essa estrutura inferior.

5) Todos os níveis precedentes podem ser integrados na Consciência e, em última instância, "como" Consciência.

Cada estrutura de nível superior sucessivo é mais complexa, mais organizada e mais unificada, e a evolução continua até que não haja senão a *Unidade*.

Na evolução do nível noético, a totalidade de uma etapa converte-se numa parte da totalidade de ordem ou nível superior que a sucede.

Transcendendo as barreiras do ego – a série de crenças limitadoras da mente – evoluímos a partir de uma dimensão pessoal a uma dimensão universal. A dimensão pessoal responde a uma encoberta série de crenças que controlam o pensamento, as ações e os sentimentos; em estado de contração defensiva, a percepção da realidade se distorce, o desejo se transforma em apego e o seu não-cumprimento em dor. Numa dimensão cósmica – holística –, o homem percebe a si mesmo como um ser nascido do Universo que o contém, sendo o fruto de quinze mil milhões de anos de evolução. Transformando o finito em infinito, *a Consciência é a dimensão central que serve de base e contexto a toda experiência*.

Na evolução da noosfera (o mundo da Consciência) o homem transcende a sua identidade pessoal para uma visão da totalidade em redes de sistemas interconectados.

Na passagem de um espaço muito luminoso para um escuro, ou ao inverso, sofremos um impacto e, nos primeiros momentos, percebemos escuridão ou luz ofuscante, que nos impede de reconhecer o contexto em que nos achamos. Não obstante, transcorridos alguns instantes – superado o temor do desconhecido, o "misoneísmo" – começamos a diferenciar formas dentro das formas. Uma situação semelhante ocorre na evolução da atenção consciente, desapegando-nos das nossas identificações, convertendo em conteúdo os contextos, transformando o fundo em figura, objetivando o subjetivo. Transcendendo. . .

De acordo com Werner, Brosse, Piaget, Loevinger, Arieti, Maslow e Kohlberg, assinala Ken Wilber que existem âmbitos de consciência transcendentes superiores aos estados de "auto-realização" (Maslow) ou de "autonomia" (Fromm, Reisman), e âmbitos de consciência inferiores, contendo processos e funções biológicas, dominados por necessidades e impulsos instintivos, urgências e descargas involuntárias, pelo princípio do prazer. Quando as funções conceituais ou mentais evoluem, a criança se introduz no mundo dos símbolos, idéias e conceitos. Assim, o ego mental transcende o corpo e pode operar até sobre ele. Num plano posterior, a consciência transcende a mentalidade verbal e se torna transverbal, integrando holisticamente corpo e mente.

O caminho do Universo

É tempo de compreendermos que vivemos imersos numa rede de sistemas. A arrogância de uma perspectiva antropocêntrica coloca o caminho do homem acima do caminho do Universo. Nossa responsabilidade consiste em repensar o homem como uma unidade ecossistêmica complexa que envolve e contém a síntese do todo. Esta síntese reside na Consciência, e só aquele que perceba mais além do corpo e da mente acederá a níveis de ordem e estruturação superior. Estes postulados – eixos do nosso enfoque de formação, recuperação e terapia – transcendem todas as áreas do comportamento humano.

Despertar a Consciência envolve a responsabilidade no exercício da verdade. *Ser consciente é perceber o essencial* em cada um dos nossos atos e na natureza de tudo o que nos rodeia; desta forma, o cotidiano torna-se transcendente; o humano, divino.

O mestre Suzuki diz que a escuridão da cova converte-se em iluminação quando arde uma tocha de intuição espiritual. Não se trata de que algo chamado escuridão deva ser tirado introduzindo-se depois algo conhecido com o nome de iluminação, mas sim de que a iluminação e a escuridão são substancialmente a mesma coisa desde o princípio mesmo; a mudança de uma à outra ocorreu apenas interior e subjetivamente.

A resposta não se encontra fora.
Ninguém vai dizê-la a você;
e, se a disserem,
não são muito bons mestres.
Keith Jarret

RESSONÂNCIAS
À guisa de Epílogo

Em música não existe uma divisão estrita entre realidade objetiva e subjetiva: a Consciência e o objeto sonoro estão ligados por fenômenos holonômicos e interações quânticas.

Nossa relação com a realidade musical não é objetiva nem subjetiva, mas "omnijetiva", pois a Consciência e o mundo físico não estão separados.

Por outro lado, a música não é determinada por causas, mas por um desenho global ou princípio organizativo presente na natureza que, a partir de hoje, chamaremos teleologia musical.

A chave da criação enraíza na compreensão de que cada som, cada pensamento, está contido em todos os demais sons e pensamentos.

A holomúsica é a vibração que nos sulca quando a nossa pulsação se harmoniza com a pulsação do mar ou das estrelas, quando nos sentimos parte inseparável do todo.

Como o paradigma holográfico nos sugere uma estrutura vital que não é linear, analítica ou discursiva, mas que nos descobre uma esfera ou ordem universal dobrada ou implicada, nunca poderemos penetrar o mundo da holomúsica explicando conceitualmente um evento vibratório que transcende as fronteiras do manifesto.

A música *im*plica.

Jamais *ex*plica.

Fritjof Capra disse uma vez que não se pode aprender o misterioso mundo do misticismo simplesmente lendo livros. O mesmo acontece com o misterioso mundo da música. É necessário implicar-se nele, vivê-lo, transitá-lo, convocá-lo, intuí-lo, criá-lo, compartilhá-lo.

Podemos começar por ver o mundo num grão de areia, ouvindo o Universo quando uma velha rã mergulhe num tanque tranqüilo.

. . . Plaff!!!
Holomúsica. . .
Simplesmente, o som da totalidade.

Glossário

Adaptação. Processo mediante o qual um organismo se ajusta ao seu ambiente e ao seu modo de vida.

Arquétipos. Formas ou imagens mentais associadas a instintos; pautas ou modelos exemplares de manifestação.

ASC. Estado alterado de consciência.

Auto-realização. Ação de pôr em prática tudo o que uma pessoa pode vir a ser.

Campo. Espaço em que atuam as linhas de força magnéticas, elétricas ou dinâmicas.

Caráter. Modo típico de atuar e reagir psicossomaticamente de um indivíduo.

Causalidade. Correlação ou conexão entre causa e efeito.

Centrar-se. Focalizar a atenção em si mesmo ou em algum processo em especial.

Cibernética. Ramo das matemáticas que se ocupa dos problemas do controle da retroatividade e da informação. O estudo dos princípios comuns entre o funcionamento dos computadores e do sistema nervoso humano.

Contraponto. Combinação de dois ou mais temas ou frases de ações; em música, é a arte de agregar "melodia à melodia".

Couraça. Soma total das atitudes musculares e caracterológicas que um indivíduo desenvolve como defesa contra a irrupção de afetos, o meio ou as sensações vegetativas.

Desenvolvimento. Evolução; desdobramento de modo mais completo; promoção do crescimento.

Determinismo. Crença de que todos os afetos estão criados por causas absolutas.

Ego. Sentimento conceitual de si mesmo identificado com a condição separada do indivíduo, a parte da mente com a qual o indivíduo se identifica.

Emoção. Movimento pelo qual a matéria viva se expressa. Literalmente, significa "mover-se para fora".

Epistemologia. Teoria do método e dos fundamentos do conhecimento, especialmente com referência aos seus limites e à sua validade.

Filogenia. História evolutiva da espécie.

Flexibilidade. Ductilidade, adaptabilidade, capacidade para ser moldado ou formado.

Gestalt. Expressão para indicar o caráter da percepção como uma unidade. Padrão conceitual no qual o todo é mais do que a soma das partes.

Harmonia. Conveniente proporção e correspondência de um elemento com outro.

Holista. Pertencente ao todo; a medicina holística concebe o homem como uma unidade, algo mais do que a somatória de suas partes.

Holograma. Imagem fotográfica tridimensional conseguida por meio de um laser.

Holonomia. Qualidade de conhecimento do todo a partir de qualquer partícula do Universo.

Homologia. Semelhança formal entre duas estruturas orgânicas, de modo que as relações entre certas partes de A são similares às correspondentes partes de B.

Informação. Qualquer diferença que importa.

Integrado. Que forma parte de um todo completo ou perfeito.

Integral. Que não carece de nada para ser completo; essencial para o completamento.

Intuição. Sensibilidade perceptiva refinada que se previne do surgimento e da extinção de cada momento da mente.

Isomorfismo. Similaridade de estrutura ou forma entre dois fenômenos superficialmente diferentes.

Macrofísica. Física tradicional que estuda a matéria tal como se apresenta à nossa ingênua percepção.

Mantras. Recitações de formas salmodiadas baseadas na reiteração, que têm como principal objetivo a indução de um estado particular de consciência.

Meditação. Adestramento da percepção que trabalha com a vivência presente, cultivando a atenção e a percepção do fluir que momento a momento vai configurando a nossa vida.

Mensagem. Sistema organizado de certas possibilidades.

Microfísica. Física nuclear que estuda o núcleo do átomo.

Mutação. Mutação hereditária que se produz nos ácidos nucléicos dos cromossomos; mudança integral, transformação.

Noética. Ciência da Consciência; do grego *nous*, nível superior da tríade espírito, psique, corpo.

Omnijetivo. Pertencente à crença de que a Consciência e o mundo físico não estão separados, mas que formam um único campo fundamental de consciência, que se diz omnijetivo em oposição a subjetivo ou objetivo.

Paradigma. Conjunto de teorias, modelo ou teoria em geral.

Participante. Pesquisador que não só observa o fato, como também o altera simplesmente por observá-lo.

Percepção. Estado ou faculdade de conhecer.

Psicofísico. Pertencente à interação mente-corpo.

Psicopatologia. Perturbação psicológica; o estudo dos transtornos mentais.

Quanta. Quantidade determinada de energia associada a ondas eletromagnéticas e que não depende da freqüência das radiações.

Realidade relativa. Visão do mundo tal como se concebe a partir de um ponto de vista particular; a observação tal como fica determinada pela interação entre o observador e o observado.

Ressonância. Fenômeno de vibração por simpatia entre dois corpos que possuem uma freqüência semelhante. *Simpatia:* "sentir com".

Sistêmico/a. Visão da vida como estrutura em circuitos inter-relacionados.

Som. Sensação que um ouvido normal experimenta ao perceber as vibrações de um corpo sonoro.

Teleologia. Crença de que os fenômenos naturais não estão determinados unicamente por causas, mas também por um esboço global ou princípio organizativo presente na natureza.

Vibração. Rápido movimento oscilatório realizado por determinados corpos elásticos quando atua sobre eles uma força que os tira de sua posição de quietude e equilíbrio.

Bibliografia

Alexander, F. G. *The History of Psychiatry*, New American, Nova York, 1966.

Anderson, N. *Singing Man*, H. J. Kramer, Tiburón, Califórnia, 1980.

Andrews, D. H.*The Simphony of Life*. Lee's Summit, Unity Books, Missouri, 1966.

Arnheim, R. *Art and Visual Perception*, Faber, Londres, 1956.

Assagioli, R. *Psychosynthesis*, Hobbs, Dorman, Nova York, 1965.

Aurobindo, Sri. *Ojeadas y pensamientos*, Dédalo, Buenos Aires, 1976.

Baba Ram Dass. *Be Here Now*, Crown, Nova York, 1971.

Barnett, L. *The Universe and Dr. Einstein*, Bantam Books, Nova York, 1968.

Bateson, G. *Espíritu y naturaleza*, Amorrortu, Buenos Aires, 1980.

Bateson, G. *Pasos hacia una ecología de la mente*, Carlos Lohle, Buenos Aires/México, 1976.

Belvianes, M. *Sociologie de la Musique*, Payot, Paris, 1951.

Berner, J. *The Innerspace Project*, World Pub., Nova York, 1972.

Bertalanffy, L. *Robots, Men and Minds*, George Braziller, Nova York, 1967.

Bhattacharya, B. *Magnet Dowsing or the magnet study of life*, Mukhopadhyay, Calcutá, 1967.

Blair, L. *Rhythms of Vision*, Schocken Books, Nova York, 1976.

Blake, W. *Poesía completa*, 2 vol., Ediciones 29, Barcelona, 1980.

Blaukopf, M. *Musik Soziologie*, Zollikofer, St. Gallen, 1950.

Blofeld, J. *Tantric Mysticism in Tibet*, Dutton, Nova York, 1970.

Blofeld, J. *Sagradas palabras de poder, Mantras*, Edaf, Madri, 1980.

Bohm, D. *The Special Theory of Relativity*, Benjamin, Nova York, 1965.

Bonny, H. L. *Facciliting GIM sessions*, Baltimore. Inst. for Consciousness and Music, 1978.

Bonny, H. L. e Savary, L. *Music and Your Mind*, Harper & Row, Nova York, 1973.
Borges, J. L. *Ficciones*, Emecé, Buenos Aires, 1966.
Brelet, G. *Esthétique et Création Musicale*, P. U. F., Paris, 1947.
Brosse, T. *Conciencia-Energía,* Taurus, Madri, 1981.
Brown, G. S. *The Laws of Form*, Allen & Unwin. Londres, 1972.
Brown, N. O. *El cuerpo del amor*, Sudamericana, Buenos Aires, 1972.
Brown, N. O. *Life against death*, Woleyan Univ., Connecticut, 1959.
Bücher, K. *Arbeit und Rhythmus*, Teubner, Leipzig, 1901.
Bucke, R. *Cosmic Consciousness*, Dutton, Nova York, 1901.
Campbell, D. *Introduction to the Musical Brain*, Magnamusic-Baton, St. Louis, 1984.
Capra, F. *El tao de la física*, Luiz Cárcamo, Madri, 1984.
Capra, F. *O Ponto de Mutação*, Cultrix, São Paulo, 1986.
Castaneda, C. *El don del águila*, Edivisión, México, 1982.
Castaneda, C. *Una realidad aparte*, Fondo de Cultura Económica, México, 1974.
Castaneda, C. *Relatos de poder*, Fondo de Cultura Económica, México, 1976.
Castaneda, C. *El fuego interno*, Edivisión, México, 1984.
Clynes, M. *Music, Mind and Brain*, Plenum Press, Nova York, 1982.
Colodny, R. G. *Paradigms and Paradoxes*, Univ. of Pittsburg Press, 1972.
Combarieu, J. *Histoire de la Musique*, Colin, Paris, 1946.
Cooper, D. *Psiquiatría y antipsiquiatría,* Paidós, Buenos Aires, 1971.
Creel, H. G. *What is Taoism?*, Univ. of Chicago Press, 1970.
Cuvelier, A. *La Musique et l'homme*, P. U. F., Paris, 1949.
Chaudhuri, H. *Integral Yoga*, Allen & Unwin, Londres, 1970.
Chew, G. F. "Bootstrap, A scientific idea?" *Science* 161, Estados Unidos, 1968.
David, H. T. *The cultural function of music*, Baltimore, 1951.
David, N. *Sing with your soul*, Polyphonio, Flórida, 1979.
David-Néel, A. *Magos y místicos del Tibet*, Indigo, Espanha, 1988.
Davis, F. *La comunicación no verbal*, Alianza, Madri, 1976.
Dean, S. R. "Metapsychiatry. The confluence of psychiatry of mysticism", *Field Within Fields* 110, 1974.
Del Campo, P. e Loroño, A. "Taller de biomúsica", *Cuadernos de Integral* 6, Barcelona, 1987.
Diamond, J. *The Life Energy in Music*, Nova York, 1983.

Diserens, C. M. *The influence of music on behavior*, Princeton, 1926.
Doczi, G. *The Power of Limits*, Shambhala, Estados Unidos, 1981.
Eco, U. *Obra abierta*, Ariel, Barcelona, 1979.
Einstein, A. *El significado de la relatividad*, Espasa Calpe, Espanha, 1984.
Einstein, A. *Mi visión del mundo*, Tusquets, Barcelona, 1980.
Fauré, E. *Historia del arte*, 2 vol., Sudamericana, Buenos Aires, 1966.
Floyd, K. "Of time and the mind", *Fields Within Fields* 110, 1974.
Fludd, R. *Escritos sobre música*, Nacional, Madri, 1979.
Fregtman, C. D. *Cuerpo, música y terapía*, Búsqueda, Buenos Aires, 1982.
Fregtman, C. D. *El tao de la música*, Estaciones, Buenos Aires, 1985. *O Tao da Música*, Cultrix, São Paulo, 1988.
Fregtman, C. D. "Musiktherapeutische Erfahrungen in einer Tagesklinik", *Musik Medizin, Internationale Fachzeitschrift für Medizin*, Musik und Musiktherapie, Alemanha, 1977.
Fregtman, C. D. "Musiktherapeutische Erfahrungen in einer Tagesklinik II", *Musik medizin*, Alemanha, 1978.
Fregtman, C. D. "Una experiencia en hospital de día", *Actas* del II Congreso Mundial de Musicoterapia, Buenos Aires, 1976, y *Boletín* 9 da Associação de Musicoterapia do Rio de Janeiro, 1979.
Fregtman, C. D. "Terapias No Verbales en la Comunidad de Día", *Actualidad Psicológica* 47, Buenos Aires, 1979.
Fregtman, C. D. "Cuerpo y psicosis en la comunidad de día", *Actualidad Psicológica* 58, Buenos Aires, 1980.
Fregtman, C. D. "Múltiples técnicas de abordaje en el tratamiento de la psicosis", *Actualidad Psicológica*, 78, Buenos Aires, 1982.
Fregtman, C. D. "Creando con música", *Primeras Jornadas de la Creatividad de los Grupos*, Edic. J. C. Piaget/C. T. V. López, 1981.
Fregtman, C. D. "Vivimos en una sonosfera", *Uno Mismo* 3, Agedit, Buenos Aires, 1983.
Fregtman, C. D. *La musicoterapia, la cura y la locura*, Búsqueda, Buenos Aires, 1983.
Fregtman, C. D. "La música del corazón", *Uno Mismo* 14, Agedit, Buenos Aires, 1984.
Fregtman, C. D. "Música en movimiento", *El Cuerpo en Movimiento* 1, Agedit, Buenos Aires, 1984.
Fregtman, C. D. "La energía de la conciencia", *Uno Mismo* 23, Buenos Aires, 1985.

Fregtman, C. D. "La música 'terapiza' ", *Uno Mismo*, 19, Agedit, Buenos Aires, 1985.
Fregtman, C. D. "La pulsación vital", *Mutantia* 22, Buenos Aires, 1985.
Fregtman, C. D. "Juglares de paz", *Uno Mismo* 24, Agedit, Buenos Aires, 1985.
Fregtman, C. D. "Hijo de las estrellas", *Senda 13*, Bahía Blanca, 1985.
Fregtman, C. D. *El tao de la música*, Integral, Espanha, 1986.
Fregtman, C. D. "Tocando el espíritu", *Uno Mismo* 49, Agedit, Buenos Aires, 1987.
Fregtman, C. D. "Om, El mantra cuántico", *Uno Mismo* 46, Agedit, Buenos Aires, 1987.
Fregtman, C. D. "El alma es la casa del músico", *Uno Mismo* 47, Agedit, Buenos Aires, 1987.
Freud, S. *Obras completas*, Amorrortu, Buenos Aires.
Freud, S. *Esquema del psicoanálisis*, Paidós, Buenos Aires, 1976.
Fromm, E. *El Arte de Amar*, Paidós, Buenos Aires, 1977.
Fromm Reichmann, F. *La psicoterapia y el psicoanálisis*, Hormé, Buenos Aires, 1962.
Fromm, E., De Martino, R. e Susuki, D. T. *Zen Budhism and Psychoanalisis*, Harper & Row, Nova York, 1970.
Fung Yu Lan. *A history of Chinese Philosophy*, Allen & Unwin, Londres, 1985.
Gandhi, M. *Pensamientos escogidos*, Emecé, Buenos Aires, 1983.
Gardner, H. "Do Babies Sing a Universal Song?", *Psychology Today* 15, 1981.
Gimbel, T. *La salud por el color*, Edaf, Madri, 1981.
Gladzewski, A. *The Music of Crystals, Plants and Human Beings*, Radio Perception, Estados Unidos, 1951.
Goleman, D. *Theories of Personality*, John Wiley, Nova York, 1979.
Goleman, D. *Meditation as Metatherapy*, J. Transpersonal Psychology, 1971.
Gray, W. *Self Made by Magic*, Weiser, Nova York, 1975.
Grimson, R. *La cura y la locura*, Búsqueda, Buenos Aires, 1983.
Grof, S. "Dominios del inconsciente humano", en *Más allá del Ego*,Kairós, Barcelona, 1982.
Grof, S. *Psicología transpersonal*, Kairós, Barcelona, 1988.
Gutheil, E. *Music and your emotions*, Liveright, Nova York, 1953.
Gurdjieff, G. *Relatos de Belcebú a su nieto*, Hachette, Buenos Aires, 1976.

Halpern, S. *Som Saúde, Uma visão holística do som*, Tekbox, Rio de Janeiro, 1985.
Hamel, P. M. *Through Music to the Self*, Campton Press, Estados Unidos, 1978.
Hartog, H. *European Music in the Twentieth Century*, Routledge & *Kegan, Londres, 1957.*
Heline, C. *The Cosmic Harp*, New Age Press, Santa Mônica, EUA, 1962.
Heline, C. *Esoteric Music*, De Vorss, Califórnia, 1969.
Heline, C. *Healing and Regeneration through Music*, Santa Bárbara, New Age Press, 1969.
Heisenberg, W. *Physics and philosophy*, Allen & Unwin, Londres, 1963.
Herrigel, E. *Zen en el arte de tiro con arco*, Kier, Buenos Aires, 1974.
Hesse, H. *Antología poética*, Fausto, Buenos Aires, 1974.
Howes, F. *Man, Mind and Music,* Secker & Warburg, Londres, 1948.
Huang, A. *La esencia del TaiChi*, Cuatro Vientos, Chile, 1978.
Huang, A. *A Quantum Soap: Fortune Cookies in Crisis*, E. P. Dutton, USA, 1983.
Hughes, C. W. *The Human Side of Music*, Philosophical Library, Nova York, 1948.
Huxley, A. *The Doors of Perception*, Chatto Winds, Londres, 1960.
Huxley, A. *The Perennial Philosophy*, Harper & Row, Nova York, 1970.
Jenny, H. *Cymatics I and II*, Basilius Press AG, Suíça.
Johnson, W. *Silent Music*, Harper & Row, Nova York, 1974.
Jung, C. G. *Sobre cosas que se ven en el cielo*, Sur, Buenos Aires, 1961.
Jung, C. G. *El hombre y sus símbolos*, Biblioteca Universal Caralt, Barcelona, 1977.
Jung, C. G. *El secreto de la flor de oro*, Paidós, Barcelona, 1981.
Jung, C. G. *Psicología y Religión*, Paidós, Barcelona, 1981.
Jung, C. G. *Recuerdos, sueños y pensamientos*, Seix Barral, Barcelona.
Kapleau, P. *Los tres pilares del Zen*, Diana, México, 1975.
Keyes, E. L. *Toning: The Creative Power of the Voice*, De Vorss, Califórnia, 1978.
Khan, H. I. *Music*, Samuel Weiser, Nova York, 1962.
Khan, H. I. *The Mysticism of Sound*, Weber, Nova York, 1979.
Kirlian, S. e V. *Investigation of biological objects in high-frecuency electrical fields*, Bioenergetic Questions, Alma, Ata, URSS, 1968.
Korzybski, A. *Science and Sanity*, Kaleville Conn., 1958.

Krishnamurti, J. *La libertad primera y última*, Sudamericana, Buenos Aires, 1983.
Krüger, W. *Das Universum Singt*, Trier, Alemanha, 1974.
Kuhn, T. *La estructura de las revoluciones científicas*, Fondo de Cultura Económica, México, 1976.
Kwalwasser, J. *Exploring the Musical Mind*, Colemanross, Nova York, 1955.
Laing, R. D. *El yo dividido*, FCE, México, 1964.
Laing, R. D. *Experiencia e alienación en la vida contemporánea*, Paidós, Buenos Aires, 1971.
Laing, R. D. *The Self and others*. Pelican, Londres, 1961.
Lao Tse, *Tao te Ching*, Morata, Madri, 1980.
Leonard, G. *El pulso silencioso*, Edaf, Madri, 1979.
Lilly, J. *Mand and Dolphin*, Doubleday, Nova York, 1961.
Lilly, J. *The Mind of the Dolphin*, Garden City, Nova York, 1967.
Lilly, J. *Programming and Metaprogramming in the Human Biocomputer*, Julian Press, Nova York, 1968.
Lilly, J. *El centro del ciclón*, Martínez Roca, Barcelona, 1981.
Lingerman, H. *The Healing Energies of Music*, Theosophical Pub., Illinois, 1983.
Loevinger, J. *Ego Development*, Jossey Bass, São Francisco, 1976.
Lowery, H. *The Background of Music*, Hutchinson, Londres, 1952.
Maslow, A. H. *La personalidad creadora*, Kairós, Barcelona, 1983.
Maslow, A. H. *El hombre auterrealizado*, Kairós, Barcelona, 1973.
Masters, R. e Houston, J. *LSD, los secretos de la experiencia psicodélica*, Bruguera, Barcelona, 1974.
McAllestes, D. P. *Enemy Way Music*, Peabody Museum, Cambridge, 1954.
Merton, T. *Semillas de contemplación*, Sudamericana, Buenos Aires.
Merton, T. *El zen y los pájaros del deseo*, Kairós, Barcelona, 1972.
Merchant, C. *The death of nature*, Harper & Row, Nova York, 1980.
Monod, J. *Chance and Necessity*, Knopf, Nova York, 1971.
Munford, L. *The transformations of man*, Harper, Nova York, 1956.
Murchie, G. *The Seven Mysteries of Life*, Houghton M. Comp., Boston, 1978.
Naranjo, C. e Ornstein, R. *On the Psychology of Meditation*, Viking Press, Nova York, 1971.
Navarra, J. G. *Our noisy world*, Doubleday, Nova York, 1969.
Needham, J. *Man and Machine*, Norton, Nova York, 1928.

Needham, J. *Science and Civilization in China*, Cambridge Univ. Press, 1962.

Nettl, B. *Music in primitive culture*, Harvard Univ. Press, Cambridge, 1956.

Ornstein, R. *Psychology of Consciousness*, São Francisco, W. H. Freeman, 1972.

Ostrander, S. *Super Learing*, Delacorte, Nova York, 1979.

Ouspensky, P. *El cuarto camino*, Hachette, Buenos Aires.

Outwater, C. e Hamersveld, E. van. *Practical Holography*, Pentangle, Beverly Hill, 1974.

Oyle, I. *The Healing Mind*, Celestial Arts, Califórnia, 1975.

Pearce, J. *The Crack in the Cosmic Egg*, Pocket Books, Nova York, 1973.

Perls, F. *Dentro y fuera del tarro de la basura*, Cuatro Vientos, Chile, 1978.

Perls, F. *Gestalt Theraphy verbatim*, Real People P., Califórnia, 1969.

Pinheiro dos Santos, L. *O ritmoanálise*, Soc. de Psicologia e Filosofia do Rio de Janeiro, Brasil, 1971.

Pleasants, H. *The Agony of Modern Music*, Simon & Schuster, Nova York, 1955.

Pribram, K. H. *Languages of the Brain*, Englewood Cliffs, Nova York, 1971.

Pribram, K. H. *Holographic Memory*, Psychology Today, Estados Unidos, 1979.

Prophet, E. C. *The Science of Rhythm for the Mastery of the Sacred Energies of Life*, Farol Culminante, Estados Unidos, 1978.

Rama, S. *Yoga and Psychoteraphy*, Himalaya Institute, Glenview, 1976.

Ram Dass. *The only dance there is*, Doubleday, Nova York, 1975.

Reck, D. *Music of the Whole Earth*, Scribner's Sons, Nova York, 1977.

Reich, W. *Reich habla de Freud*, Anagrama, Barcelona, 1970.

Reich, W. *Análisis del carácter*, Paidós, Buenos Aires, 1980.

Rudhyar, D. *The Magic of Tone and the Art of Music*, Shambala, Colorado, 1982.

Roeder, J. *Music Perceptions and Basic Functions of the Human Brain*, Manfred Clynes, Nova York, 1982.

Salazar, A. *La música como proceso histórico de su invención*, Fondo de Cultura Económica, México/Buenos Aires, 1950.

Satprem. *Sri Aurobindo o las aventuras de la conciencia*, Obelisco, Buenos Aires, 1983.

Scott, C. *The Shadows of Silence and the Songs of Yesterday*, Donald Fraser, Liverpool.
Scott, C. *The Voice of the Ancient*, J. M. Watkins, 1916.
Shah, I. *El monasterio mágico*, Paidós, Buenos Aires, 1976.
Sheldrake, R. *Music-Society-Education*, John Calder, Estados Unidos, 1972.
Sheldrake, R. *A new science of life*, Celestial Arts, Califórnia, 1976.
Small, C. *Music-Society-Education*, John Calder, Estados Unidos, 1972.
Stapp, H. P. *S-Matrix interpretation of quantun theory*, Physical Review, 1981.
Stebbin, I. *Music: Its Ocults basis and healing value*, New Knowledge, Londres, 1972.
Stevens, S. *Sound and Hearing*, Time Life Books, Nova York, 1965.
Suzuki, D. T. *Ensayos sobre budismo zen*, Kier, Buenos Aires, 1973.
Suzuki, D. T. *The Zen doctrine of No-Mind*, Rider, Londres, 1949.
Tart, C. *State of Consciousness*, E. P. Dutton, Nova York, 1949.
Tart, C. *On Being Stoned: A psychological study of marijuana intoxication*, Science and Behavior Books, Palo Alto, Califórnia, 1971.
Tart, C. *Psicologías transpersonales I y II*, Paidós, Buenos Aires, 1979.
Thomson, V. *The State of Music*, Morrow, Nova York, 1939.
Trungpa, C. e Guenter, H. V. *El amanecer del Tantra*, Kairós, Barcelona, 1976.
Underwood, L. *Word Music and Inner Transformation*, Narada, Milwaukee, 1984.
Vivekananda, S. *Raja Yoga*, Kier, Buenos Aires.
Watson, L. *Supernature*, Hodder and Stoughton, Estados Unidos, 1973.
Watts, A. *Psicoterapia del este, Psicoterapia del oeste*, Kairós, Barcelona, 1973.
Watts, A. *El gurú tramposo*, Kairós, Barcelona, 1987.
Watts, A. *Om, La sílaba sagrada*, Kairós, Barcelona, 1981.
Whitehead, A. N. *The Interpretation of Science*, Bobbs-Merrill, Nova York, 1961.
Wilber, K. *La conciencia sin fronteras*, Kairós, Barcelona, 1985.
Wilber, K. *El proyecto Atman*, Kairós, Barcelona, 1988.
Wood, A. *The Physics of Musics*, Methuen, Londres, 1944.
Yates, P. *Twentieth Century Music*, George Allen & Unwin, 1968.
Yogananda, P. *Autobiography of a Yogi*, Self Realization Fellowship, Califórnia.
Zuckerkandl. V. *Sound and Symbol*, Princeton Press, Princeton, 1969.

Leia também

O TAO DA MÚSICA

Carlos D. Fregtman

Segundo uma concepção holística da realidade, a música se define em relação a outros sistemas mais amplos que a contêm e com os quais se inter-relaciona reciprocamente. Baseando-se nas mais recentes descobertas do campo da investigação ocidental e nos fundamentos da filosofia oriental, Carlos D. Fregtman não só sugere a existência de uma conexão íntima entre a consciência e a música, mas também entre todas e cada uma das partículas do Universo. Os reveladores conceitos que apresenta neste livro — baseados em mais de dez anos de pesquisas em laboratórios de som, sessões de musicoterapia e experiências transpessoais com música — constituem um documento único em seu gênero.

No momento em que o mau uso da tecnologia atenta contra a vida no planeta, em que o homem perde a noção de totalidade e se concentra apenas numa porção de si mesmo, em que a sensação generalizada que temos é a de ser um "ego separado, metido numa bolsa de pele", em que seres brutais negam os direitos de seus semelhantes, é preciso redescobrir as leis do equilíbrio e da harmonia da vida. Nossos limites não são as nossas fronteiras físicas, mas as nossas redes de mensagens, que deverão entrecruzar-se infinitamente para criar a trama cósmica de um futuro no qual reine o poder da consciência.

O Tao da música é o Tao do coração.

CORPO, MÚSICA E TERAPIA

Carlos D. Fregtman

A partir de uma óptica de integração, consolidada por uma vasta experiência clínica, o autor, como um cartógrafo, explora ou mapeia neste livro o campo da relação som/ser humano no processo terapêutico e desenvolve, entre outros, os seguintes temas: função do som e do movimento, sentimentos reprimidos e catarse, instrumentos sonoros e comunicação não-verbal, criação de clima, múltiplas técnicas de abordagem no tratamento da psicose, laboratório de formação para terapeutas, corpo e identidade grupal e o papel da emoção.

Esta obra, que apresenta farto material com exemplos esclarecedores de patologias graves, culmina com a análise de um fragmento de sessão de musicoterapia a partir de três leituras possíveis dos fenômenos: interacional, psicodinâmica e social. Incluem-se também comentários e opiniões de dois grupos de pacientes acerca de suas próprias vivências com esse tipo de tratamento.

Seguindo um modelo de trabalho que é, fundamentalmente, uma forma criativa de jogo, o terapeuta mergulha numa realidade carregada de significados ancestrais, propondo uma liberação dos sentidos e uma recuperação de formas de relacionamento anteriores à formação do símbolo como geradoras e veiculadoras de estados emocionais.

Corpo, música e terapia constituirá, sem dúvida, um aliado valioso para os adeptos de um desenvolvimento orgânico da dinâmica do conflito do paciente através de diversas técnicas que permitam sua expressão e elaboração nos múltiplos planos em que se manifesta a comunicação humana.

EDITORA CULTRIX

O PODER OCULTO DA MÚSICA

David Tame

A música influencia todo processo físico, intelectual e emocional.

A música harmoniosa acelera o crescimento das plantas, enquanto a música dissonante tolhe o seu desenvolvimento.

Pesquisando o que a sabedoria antiga afirma sobre os poderes da música, assim como os dados oferecidos pela ciência moderna, David Tame, com este livro, desafia oportunamente a idéia, hoje tão divulgada, de que a música é uma forma de arte imponderável, sem nenhum sentido prático.

Este estudo profundo sobre o lado oculto da música — provavelmente o mais detalhado e completo que já se escreveu — focaliza, entre outros, os seguintes tópicos:

- a música e a moralidade
- a musicoterapia
- o som e a cor
- os aspectos tonais da Revolução Americana
- a música e a magia na China Antiga
- as origens e os efeitos do *jazz* e dos *blues*
- os sete raios místicos
- os acordes cósmicos das conjunções planetárias
- a física do OM
- a música e os Novos Tempos

EDITORA CULTRIX

MÚSICA e PSIQUE

R. J. STEWART

Este livro notável analisa o significado mais profundo da música como um meio de alterar a consciência com vistas ao desenvolvimento espiritual.

Nele, R. J. Stewart analisa as Quatro Eras da música: a primitiva, a ambiental, a individual e a clássica, além de tentar descobrir o que torna a música mágica e lhe confere tanto poder.

O autor discorre ainda sobre a força gerada pelo canto, sobre o poder espiritual dos sons vocálicos, e busca as origens primordiais da música traçando seu desenvolvimento histórico.

Completa o volume uma análise detalhada da correspondência entre os padrões musicais e os Quatro Elementos, a Árvore da Vida e os centros energéticos do corpo humano, bem como fornece instruções práticas sobre a música destinada ao desenvolvimento interior.

EDITORA CULTRIX

O AUTOCONHECIMENTO ATRAVÉS DA MÚSICA

Peter Michael Hamel

Cada vez mais as pessoas procuram na música uma sensação nova, mais intensa, do seu próprio ser. Neste livro, único nos seus moldes, Peter Michael Hamel trata das variadas e fascinantes relações entre a consciência humana e a música. Cada um de nós, fã da música pop ou admirador de Mozart, pode utilizar as fontes musicais redescobertas e, sem formação específica ou capacidade técnica, despertar sua criatividade através do timbre e do som e, assim, encontrar a si mesmo, criando novas e inesperadas energias.

Neste livro, pela primeira vez, o autor lida com a força mágica e sugestiva da música indiana, tibetana, pérsico-arábica e africana. Com a ajuda de exemplos práticos, ele mostra como o jogo criativo com os sons é simples, mesmo para o leigo. Assim, abrem-se novas possibilidades para a musicoterapia, que a cada dia se torna mais significativa. Uma série de exercícios práticos incita ao trabalho individual e em grupo. Não há nada comparável na moderna literatura sobre música.

Peter Michael Hamel estudou composição, musicologia, psicologia e sociologia em Munique e Berlim. Seis viagens sucessivas à Ásia, com a duração de vários meses, permitiram-lhe familiarizar-se com a música não-européia, o que representou para ele uma experiência decisiva. Hamel é fundador e membro do grupo Between. Compõe para orquestras e corais, para o teatro e para o rádio e já recebeu numerosos prêmios. Diversas de suas obras podem ser encontradas em disco.

EDITORA CULTRIX

MÚSICA E SIMBOLISMO

Roger J. V. Cotte

Música e simbolismo, um estudo único em sua modalidade, é endereçado a todos quantos se interessam pela música (diletantes, amadores ou profissionais), mas também a todos os amantes da Tradição e do Simbolismo. É por essa razão que o autor se esforça por evitar toda terminologia técnica demasiado específica ou, quando esta for de todo indispensável, em lhe dar definições suficientes. Os exemplos musicais podem ser compreendidos sem grandes conhecimentos de música. Um dicionário, no fim do volume, oferecerá as noções tradicionais e simbólicas geralmente mais aceitas a respeito de cada instrumento.

No conjunto, o autor de *Música e simbolismo* se limita a estudar as relações da música ocidental com os mais diferentes símbolos. Ao lado das tradições e das convenções milenares, ou pelo menos centenárias, da linguagem musical, o autor aborda os símbolos da profissão do músico, muitas vezes muito próximos dos de outras profissões, ou até idênticos a esses. Serão também examinados amplamente o simbolismo dos instrumentos musicais, símbolos ligados ao timbre ou à utilização dos mesmos, assim como ao seu aspecto exterior ou a tradições lendárias.

O autor, doutor em musicologia pela Universidade de Paris (Sorbonne), é atualmente professor do Instituto de Arte da UNESP, Universidade do Estado de São Paulo.

EDITORA CULTRIX